はじめに

"シャンパン"を飲む機会といえば、クリスマスやパーティ、結婚披露宴の乾杯の時ぐらい……という人もまだまだ多いはずです。しかし、「シャンパンバー」の出現によりシャンパンはより身近になりました。さらに、グラスを立ち上る繊細な泡、輝くような黄金色の水色、どんなシーンも優雅な雰囲気に変えてしまう高級感など、シャンパンやスパークリングワインの魅力が、今改めて注目を集めています。

また、ワインとは違う美味しさやのどごしを楽しむ人も増え、食事の最初から最後までシャンパンを合わせたり、シャンパン専門のバーなども増えているほど、その美味しさに注目が集まり、今やパーティや祝いの席だけのお酒ではなく、気軽に楽しめるアイテムになってきています。

本書は、「シャンパンとスパークリングワイン」の違いや「ラベルの見方」「正しい抜栓の仕方」「美味しい注（つ）ぎ方」「相性のよい料理やカクテル」などの基本的な知識はもちろんのこと、「一番美味しい飲み方」「相性のよい料理やカクテル」など、これからシャンパン&スパークリングワインを初めて楽しもうと思っている人でも、本格的に楽しみたい人でも役立つ内容になっています。

さらに「ドン ペリニヨン」で知られる「モエ・エ・シャンドン」など、知っておきたい一流メーカーの紹介から、14カ国、約200点のシャンパン&スパークリングワインを紹介していますので、必ずお気に入りの一本が見つかるはずです。

Contents

「シャンパン・スパークリングワイン」の基礎知識 ── 9〜55

- 「シャンパン」のこと本当に知っている？ ── 10
- 「スパークリングワイン」って何？ ── 12
- 「シャンパン」の歴史を教えて ── 14
- シャンパーニュ方式で造られる「シャンパン」 ── 16
- 製造技法で味の異なる「スパークリングワイン」 ── 20
- どんなブドウが使われているの？ ── 22
- 「シャンパン」の種類 ── 24
- 「スパークリングワイン」の種類 ── 26
- ラベルに隠されている知識 ── 28
- 色と香りの表現の仕方 ── 32
- ヴィンテージって何？ ── 34
- ボトルはどんな形？ ── 36
- どんな店で購入すればいいの？ ── 38
- 美味しく飲む適温は？ ── 40
- 誰でもできる正しい抜栓の仕方 ── 42
- 美味しい注ぎ方知ってる？ ── 44
- 使用するグラスの種類 ── 46
- 正しい保存方法を教えて…… ── 48
- レストランでより楽しむ方法 ── 50

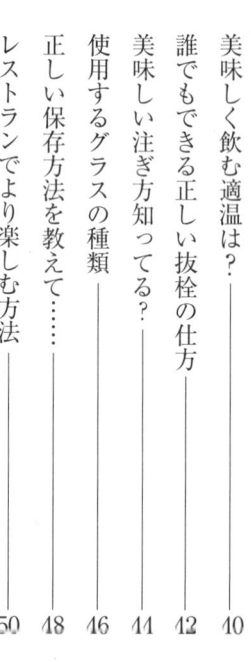

シャンパンやスパークリングワインは、比較的食事に合わせやすいよね……

「シャンパン・スパークリングワイン」のカタログ——57〜153

シャンパン街道を行く ——— 58

知っておきたい「シャンパン」の代表メーカー ——— 62〜70

モエ・エ・シャンドン社 ——— 63
　ドン ペリニヨン ヴィンテージ1999

ヴーヴ・クリコ・ポンサルダン社 ——— 64
　ヴーヴ・クリコ イエローラベル ブリュットN.V.

クリュッグ社 ——— 65
　クリュッグ グランド・キュヴェ

ランソン社 ——— 66
　ランソン ブラックラベル ブリュット ノンヴィンテージ

テタンジェ社 ——— 67
　テタンジェ・ブリュット・レゼルヴ

ポメリー社 ——— 68
　ポメリー ブリュット・ロワイヤル

ルイ・ロデレール社 ——— 69
　ルイ・ロデレール クリスタル・ブリュット・ヴィンテージ1999

サロン社 ——— 70
　サロン1996

「シャンパン」カタログ ——— 71〜94

モエ・エ・シャンドン ブリュット アンペリアル ——— 72
モエ・エ・シャンドン ロゼ アンペリアル ——— 72
ジョンメアー ブリュット NV 白 ——— 72
ポル・ロジェ ブリュット レゼルヴNV ——— 73
ポル・ロジェ キュヴェ・サー・ウィンストン・チャーチル1996 ——— 73
ビルカール・サルモン ブリュット レゼルヴ ——— 73
パイパー・エドシック・ブリュット ——— 74
パイパー・エドシック・ブリュット・ロゼ・ソヴァージュ ——— 74
パイパー・エドシック・ピパリーノ ——— 74
ドン ペリニヨン ヴィンテージ1999 ——— 75
ドン ペリニヨン ロゼヴィンテージ1996 ——— 75
シャンパン・ドゥ・ヴノージュ ブリュット・セレクト ——— 75
コルドン・ブルー ——— 76
ヴーヴ・クリコ イエローラベル ブリュットN.V. ——— 76
ヴーヴ・クリコ ローズラベル ——— 76
ヴーヴ・クリコ ヴィンテージ ——— 76
クリュッグ グランド・キュヴェ ——— 77
クリュッグ ロゼ ——— 77
ボランジェ・グランダネ1997 ——— 77
カナール・デュシェーヌ《グランド・キュヴェ ブランド・ノワール》 ——— 78
クリスチャン・セネ・ブリュット ——— 78
クリスチャン・セネ・ブリュット・ロゼ ——— 78
ランソン ブラックラベル ブリュット ノンヴィンテージ ——— 79
ランソン ロゼラベル ブリュット ロゼ ノンヴィンテージ ——— 79

- ランソン ノーブルキュベ ブリュット ヴィンテージ1995 — 79
- ルイ・ロデレール ブリュット プルミエ — 80
- ルイ・ロデレール クリスタル ブリュット ヴィンテージ1999 — 80
- ルイ・ロデレール クリスタル ロゼ ヴィンテージ1999 — 80
- マム コルドン ルージュ ブリュット — 81
- マム ブリュット ロゼ — 81
- ペリエジュエ キュベ ベル エポック ロゼ1999 — 81
- ゴッセ グラン レゼルヴ ブリュット — 82
- ゴッセ ブリュット エクセレンス — 82
- シャルル・ラフィット ブリュット キュベ・スペシャル — 82
- サロン1996 — 83
- ドゥラモット ブリュット — 83
- ドゥラモット ブリュット ロゼ — 83
- ドゥラモット ブリュット ブラン ド ブラン — 84
- ドゥラモット ブリュット ブラン ド ブラン 1999 — 84
- ムタール ブリュット グラン キュヴェ — 84
- アルフレッド グラシアン キュヴェ レゼルヴ ブリュット クラシック NV — 85
- アンドレ クルエ グランド レゼルヴ ブリュット NV — 85
- アンドレ クルエ アン・ジュール・ド・ミルヌフサンオンズ — 86
- ルイナール ブラン ド ブラン — 86
- ドン ルイナール ロゼ — 86
- レネ・ブレッセ ブリュット ロワイヤル — 87
- ポメリー ブリュット ロワイヤル — 87
- ポップ — 87
- シャンパーニュ ボーモン・デ・クレイエール グラン プレスティージュ ブリュット — 88
- ドゥモアゼル・テート・ドゥ・キュヴェ・ブリュット — 88

- テタンジェ ブリュット レゼルヴ — 88
- テタンジェ ブリュット キュヴェ・プレスティージュ・ロゼ — 89
- ディアボロ・ヴァロワ ブラン ド ブラン — 89
- アグラパール ブラン ド ブラン レ セット クリュ — 89
- ゴセ・ブラバン キュヴェ ド レゼルヴ グラン クリュ — 90
- ミシェル マイヤール ブリュット レゼルヴ プルミエ クリュ — 90
- フィリポナ ロワイヤル レゼルヴ ブリュット NV — 90
- フィリポナ クロ・デ・ゴワセ ブリュット 1991 — 91
- エール・エ・エル・ルグラ ブリュット — 91
- ローラン ペリエ ブリュット エル ピー — 91
- ローラン ペリエ キュヴェ ロゼ ブリュット — 92
- アヤラ ブリュット・メジャー — 92
- アヤラ ブリュット ゼロ — 92
- アヤラ ロゼ ブリュット — 93
- ペール・ド・アヤラ — 93
- アヤラ ブラン・ド・ブラン ブリュット — 93
- ドゥヴォー ブラン・ド・ノワール — 94
- アルノード シューラン ブリュット レゼルヴ — 94
- ラルマンディエ ベルニエ ブリュット トラディション プルミエ クリュ — 94

「スパークリングワイン」カタログ 95〜153

フランス
- ソミュール ブリュット キュヴェ フレーム — 96〜102
- カフェド パリ ブランド フルーツ フランボワーズ — 97
- C.F.G.V オペラ・ブリュ — 97

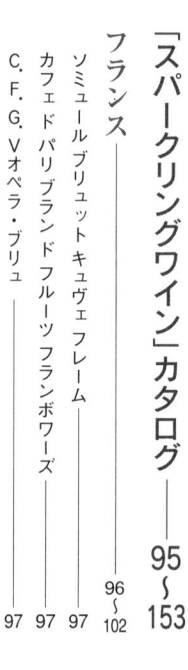

- シャルル・ド・フェール トラディション・ブリュット白 …98
- ジャン・ルイ ブラン・ド・ブラン ブリュット白 …98
- ソレヴィ・ジャン・ドルセーヌ・デュミ・セック …98
- リステル ペティヤン・ド・リステル アロマ フランボワーズ …99
- ドメーヌ・ローラン・スニ クレマン・ド・ブルゴーニュ・ブリュット …99
- デュック・ド・ヴァルメール ブリュット …99
- クレマン・ド・ロワール ブリュット …100
- クレマン・ド・ロワール・ロゼ …100
- クレマン・ド・ブルゴーニュ 白 ブリュット …100
- ブーケ・ドール・ブラン …101
- ブラン・ド・ブラン "ヴァレンタイン" …101
- シャルル・バイィ ブリュット …101
- ヴィコムト・ドゥ・カンブリアン・ブリュット …102
- ピア・ドール・ムスー …102
- キュヴェ・ロワイヤル クレマン・ド・ボルドー ブリュット …102

イタリア …103〜112

- アスティ スプマンテ チンザノ …104
- チンザノ プロセッコ …104
- ガンチア アスティ スプマンテ …105
- ガンチア プロセッコ スプマンテ …105
- モンテニーザ ブリュット …106
- フォンタナフレッダ アスティ D.O.C.G. …106
- フォンタナフレッダ コンテッサローザ エクストラ ブリュット …106
- ベッレンダ プロセッコ ヴァルドッビアデーネ ブリュット …107
- モンテロッサ フランチャコルタ サテン ブリュ D.O.C.G. …107
- カペッタ バレリーナ アスティ スプマンテ D.O.C.G. …107
- カペッタ バレリーナ ブリュット スプマンテ …108
- ミオネット・ピザーニ・パーティー・ブルー・キュベ・ブリュ …108
- キアリ・ランブルスコ ロッソ …108
- ラ・ジョイヨーザ プロセッコ・ディ・ヴァルドッビアデーネ・DOC・スプマンテ・エクストラ・ドライ …109
- ベルサーノ アスティ・スプマンテ …109
- コンテ・バルドウイーノ アスティ・スプマンテ …110
- コンテ・バルドウイーノ・ロッソ・スプマンテ …110
- 天使のアスティ …110
- ピノ シャルドネ スプマンテ …111
- プロセッコ・ディ・ヴァルドッビアデーネ ブリュット …111
- フランチャコルタ ブリュット …111
- プロセッコ ディ ヴァルドッビアデーネ D.O.C. エクストラドライ …112
- カヴァリ・ランブルスコ・グラスパロッサ・アマービレ …112
- フィオーレ・ディ・チリエージョ・ヴィーノ・スプマンテ・ドルチェ …112

ドイツ …113〜119

- フュルスト・フォン・メッテルニヒ …114
- ダインハート キャビネット …114
- アオグスト ケセラー シュペートブルグンダー ヴァイス ヘルプスト 1996 ブリュット …115
- シュロス カステル ブリュット …115
- クロスター・エーベルバッハ 2002 エクストラ トロッケン …115
- ファルケンベルク マドンナ ゼクト …116
- シュロス ラインハルツハウゼン キャビネット トロッケン …116

クッパーベルク 白 … 117
ヘンケル ブリュット ヴィンテージ … 117
ヘンケル トロッケン ロゼ … 117
ヘンケル トロッケン ドライ セック … 118
ヘンケル トロッケン ブランド ブラン … 118
ゼーンライン ブリラント トロッケン … 118
ツェラー シュワルツ カッツ ゼクト … 119
マイバッハ ツェラー シュヴァルツェカッツ ゼクト b.A … 119
オペル ゼクト トロッケン … 119

スペイン … 120〜128

ロジャーグラート カヴァ グラン・キュヴェ … 121
ロジャーグラート カヴァ ロゼ ブリュット … 121
コドーニュ クラシコ・ブリュット … 122
コドーニュ ピノ・ノワール・ブリュット … 122
コドーニュ レセルバ・ラベントス … 122
トレジョ・ブリュット・ナトゥレ … 123
ロベジャ・ロゼ・ブリュット・レセルバ … 123
ブランドール セミセコ … 124
セグラ ヴューダス ブルート レゼルバ … 124
セグラ ヴューダス ブルット ロサード ブルート … 124
アルタディ カバ・ブリュット 1994 … 125
ブリュット・リセルヴァ・シンコ・エストレージャス 2003 … 125
カステルブランチ グラン ナドール … 125
カステルブランチ ブリュット ゼロ … 126
フレシネ コルドン ネグロ … 126

フレシネ セミセコ・ロゼ … 126
ポール シェノー・ブラン・ド・ブラン・ブリュット … 127
ラクリマ・バッカス・レセルヴァ・ブリュット … 127
ラクリマ・バッカス・レセルヴァ・セミ・セック … 127
ドゥーシェ・シュバリエ ドライ … 128
ジュヴェ・カンプス レゼルヴァ・ヴィンテージ・ブリュット … 128
アルベット・イ・ノヤ カバ ブルット … 128

オーストリア … 129

ブルンデルマイヤー ブリュット … 129
シュタイニンガー ツヴァイゲルト セクト … 129

ポルトガル … 130

スパークリングワイン マリアゴメス … 130
キンタドス ロケス ブリュット スパークリングワイン ロゼ … 130

ハンガリー … 131

トーレイ(セック) … 131
トーレイ タリスマン(デミセック) … 131

アメリカ … 132〜137

シュラムスバーグ ブランド ブラン 2001 … 133
コーベル ブリュット … 133
ベリンジャー・ヴィンヤーズ・スパークリング・ホワイト・ジンファンデル … 134
サン・ミッシェル ワイン・エステーツ ドメイン・サン・ミッシェル キュヴェ・ブリュット … 134

南米

- ジェイ2000 ヴィンテージ ブリュット ルシアン・リヴァー・ヴァレー … 137
- NV ケンウッド ユルパ キュヴェ ブリュット … 137
- フランシス コッポラ ソフィア ブラン デ ブラン … 137
- ドメーヌ・カーネロス ブリュット・ヴィンテージ 2002 … 136
- バラトーレ … 136
- トッツ … 135
- アンドレ ロゼ … 135
- アンドレ ブリュット … 134
- アーガイル ブリュット ウィラメット ヴァレー … 134

オセアニア

- トソ・ブリュット … 138
- エスプマンテ ブラン ブリット … 138
- エスプマンテ ルージュ ブリット … 139
- エスプマン テ モスカテル … 139
- グリーンポイント ブリュット N.V. … 139
- グリーンポイント ヴィンテージ ブリュット … 139
- グリーンポイント ヴィンテージ ブリュット ロゼ … 140〜145
- イエローグレン・レッド NV … 141
- イエローグレン・ピノ・シャルドネ '04 … 142
- オーランド・ブーケ 白 … 142
- グレッグ・ノーマン・エステイト スパークリング … 143
- シャルドネ&ピノ・ノワール … 143
- パイパーズ ブルック スパーク ピーリー '98 … 144
- ドリームタイム・パス・スパークリング・ホワイト NV … 144
- ドリームタイム・パス・スパークリング・レッド NV … 144
- モートン・エステート・ブリュット・メソッド・トラディショネル NV … 145
- ジェイコブス・クリーク シャルドネ ピノ・ノワール … 145
- アンガス・ブリュット … 145

南アフリカ

- KWV キュヴェ・ブリュット 白 … 146・147
- KWV ドゥミ・セック 白 … 147
- トラディション グラン キュヴェ モンロー … 147
- トラディション ブリュット レッド ラベル … 147

日本

- ドメイヌ・タケダ キュベ・ヨシコ 2001 … 148〜153
- トカチ スパークリングワイン ブルーム … 148
- トカチ スパークリングワイン フィースト … 149
- スパークリングワイン キャンベル・アーリー … 149
- スパークリングワイン レッド … 150
- スパークリングワイン うめ … 150
- プレステージ・キュベ・のぼ・ヘキサゴン … 151
- ぐらんぽ 1995 … 151
- サントネージュ スパークリングワイン ブリリア(白) … 152
- サントネージュ スパークリングワイン ブリリア(ロゼ) … 152
- サントネージュ スパークリングワイン ブリリア(赤) … 152
- 信濃ワイン スパークリングワイン ロゼ … 153
- ゴイチ ナイヤガラ スパークリングワイン … 153

「シャンパン・スパークリングワイン」をもっと楽しもう──155〜181

「シャンパン・スパークリングワイン」を楽しむためのTPO ── 156
「シャンパンバー」での楽しみ方 ── 161
シャンパンバー一覧 ── 164
知っておきたい料理との相性 ── 170
「シャンパン・スパークリングワイン」に合うつまみ ── 172
「シャンパン・スパークリングワイン」を使った料理 ── 174
「シャンパン・スパークリングワイン」で作るカクテル ── 178
商品さくいん ── 182
協力メーカー一覧 ── 189

COLUMN

「シャンパンは早く酔いが回るって本当？」── 56
「シャンパンとイチゴの不思議な関係」── 154
「F1やメジャーリーグなどで勝利を祝うシャンパン」── 160
「日本人とシャンパンの出会い」── 169

あなたとシャンパンがあれば、もう何もいらないわ！

※本書で紹介している商品データ、価格は2006年12月現在のものです。予告なしに価格などが変更になる場合がありますのでご了承ください。

「シャンパン・スパークリングワイン」の基礎知識

ボクといっしょにシャンパンとスパークリングワインの基礎知識を学ぼうよ……

「シャンパン」のこと本当に知っている?

フランス・シャンパーニュ地方のみで造られているものを「シャンパン」という

あなたが飲んでいるのは、本当に「シャンパン」?

シャンパンとは、フランス北部にあるシャンパーニュ地方の限定された地区で収穫したブドウのみを使い、そこで醸造された発泡性ワインのことだけをいいます。

その他の地区や国で造られた発泡性ワインは、各地でそれぞれの呼び方があり、一般的に総称してスパークリングワインと呼んで、シャンパンと区別しています。

厳しい条件をクリアした「シャンパン」

シャンパンと呼ばれるには、3つの条件をクリアしなければなりません。まずシャンパンは、フランス・シャンパーニュ地方で生産されたもので、限定された地区で収穫されたブドウ品種だけを使

用し、シャンパーニュ方式で造られたものだけがシャンパンの称号を与えられるのです。

シャンパンと呼ばれるのは、シャンパーニュ地方で3つの条件をクリアした発泡性ワインだけですよね!

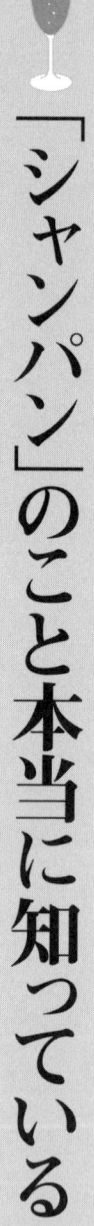

「シャンパン」と呼ばれる3つの条件

こんな厳しいルールがあったんだ！

「シャンパン」と呼ばれるためには、3つの条件をクリアしていなければいけません。それは、一本でも品質が落ちたものが市場に出回ってしまえば、シャンパン全体の品位が落ちたも同然という考えがあるからです。この3つの条件は、そんな状況にならないために、高品質を守っていくために必要なルールなのです。

 フランスのシャンパーニュ地方で生産されたもの

フランスのワイン法では、シャンパーニュ地方の発泡性ワインのみがシャンパンの名称を使用できると認められています。それは、シャンパンの誕生の地であるシャンパーニュ地方に限定することで、品質を均一に保つためです。他の地域で生産された発泡性ワインは「シャンパン」と呼ぶことを固く禁じられているのです。

 限定された地区で収穫されたブドウ品種だけを使用

シャンパンに使われる品種は、黒ブドウのピノ・ノワール種、ピノ・ムニエ種、白ブドウのシャルドネ種の3種と決まっています。石灰質の土と涼しい気候の中で育ったブドウには強い酸味があり、これがシャンパンの切れ味の決め手になります。

3 シャンパーニュ方式の製法を用いたもの

シャンパーニュ方式とは、スティルワイン（非発泡性ワイン）に糖分と酵母を加え、瓶内で自然に炭酸を発生させる「瓶内二次発酵」を行う製法です。

「スパークリングワイン」って何?

産地やブドウ、製造法によって、色・香り・味もさまざま

世界の特徴ある「スパークリングワイン」

スパークリングワインとは、発泡性ワインの総称です。もちろん、シャンパンもスパークリングワインに当てはまりますが、シャンパンとは、区別されています。

現在、スパークリングワインは世界中のワイン生産地のどこでも造られています。例えば、フランスではシャンパーニュ以外で造られた発泡性ワインを「ヴァン・ムスー」と呼びます。そのほかにはドイツの「ゼクト」、イタリアの「スプマンテ」、スペインの「カヴァ」「エスプモーソ」などが有名です。

シャンパンのように製造方法の規制にとらわれることなく、シャルマ方式、トランスファー方式、メドード・リュラル方式、炭酸ガス注入方式で造られ、また、使用するブドウ品種などの条件もありません。

「スパークリングワインってどのように造られてるんだろう」

シャンパン以外の「スパークリングワイン」の呼び方

フランス

Vin Mousseux
ヴァン・ムスー
フランス語で泡（＝mousseux）のワイン（＝Vin）という意味で、シャンパーニュ以外のフランス産「スパークリングワイン」すべてを指します。ガス気圧もシャンパンと同じ5〜6気圧です。

世界にはこんなに「スパークリングワイン」があるんだ！

Cremant
クレマン
フランス・ブルゴーニュ、アルザスでシャンパーニュ方式で造られた「スパークリングワイン」を指すことが多い。ガス気圧は3.5前後です。

Petillant
ペティヤン
ヴァン・ムスーやクレマンの弱発泡タイプのワインのことで、ガス気圧が2.5気圧以下のものを指します。

イタリア

Spumante
スプマンテ
イタリア産「スパークリングワイン」の総称で、格付けによって分類されます。製造方法はほぼシャルマ方式ですが、一部地域ではシャンパーニュ方式を採用しています。

Frizzante
フリツァンテ
スプマンテの弱発泡タイプのワインのことで、ガス気圧が2.5気圧以下のものを指します。

スペイン

Cava
カヴァ
カタルーニャ地方を中心に造られるスペイン産発泡性ワインの総称です。シャンパーニュ方式で造られた高級酒です。

Espumoso
エスプモーソ
シャンパーニュ方式以外で造られたスペインの発泡性ワインのことを指します。カヴァに比べ、主にハウスワインのように安価なものを指します。

ドイツ

Sekt
ゼクト
ドイツ産の高級スパークリングワインのことを指します。ガス気圧は3.5気圧以上で、製造方法もほとんどがシャルマ方式ですが、一部の地域ではシャンパーニュ方式を採用しています。

Schaumwein
シャウムヴァイン
ドイツ産の発泡性ワインの総称でもあり、その中でも手頃な価格の発泡性ワインのことを指します。ガス気圧もゼクトと同じ3.5気圧以上。

Perlwein
パールヴァイン
ゼクト、シャウムヴァインの弱発泡性タイプのワインで、ガス気圧が2.5気圧以下のものを指します。

その他
アメリカ、オーストラリア、日本など

Sparkling Wine
スパークリングワイン
生産地域、製法、ガス気圧などの違いは関係なく、製造過程で炭酸を発生させたワインのことを、すべてスパークリングワインと呼びます。

「シャンパン」の歴史を教えて

ドン・ペリニヨンが造った「シャンパン」を、ヴーヴ・クリコとフランソワが洗練した

「シャンパン」は偶然にできた？

1668年、フランス・シャンパーニュ地方マルヌ県のオーヴィレールという村の、ベネディクト派のオーヴィレール修道院に酒庫係の盲目の僧侶・ピエール・ペリニヨン（尊称のドンdonをつけてドン・ペリニヨンと呼ぶ）がいました。

ある日、ドン・ペリニヨンがまだ発酵の完了していない地元のワインに、たまたま当時使われはじめていたコルク栓をして放置しておいたところ、ワインが瓶の中で再発酵（瓶内二次発酵）し、発泡性のワインが誕生したといわれています。

そして、これを試しに飲んでみたところ、今まで経験したことのない美味しさだったため、本格的に造られるようになりました。これが、シャンパンの誕生です。

ドン・ペリニヨンと「シャンパン誕生」の真実？

盲目といわれているドン・ペリニヨンは、実は目が見えていたともいわれています。

なぜなら、当時を紹介する記録には一切ドン・ペリニヨンが盲目だということは書かれていませんし、オーヴィレールの修道院跡を買い取ったシャンパン・メーカー大手のモエ・エ・シャンドン本社前のドン・ペリニヨン像は、目が開いているのです。

シャンパンの誕生に大きく貢献したベネディクト派のオーヴィレール修道院酒庫係のドン・ペリニヨン

14

また、シャンパンは偶然にできたといわれていますが、ドン・ペリニヨンは"シャンパンの父"といわれるほど、シャンパーニュ地方のワイン造りに多大な貢献をしています。

ドン・ペリニヨンは、一六六五年にイギリスで新酒のワインを瓶詰めにして発泡性にする技術が発見されたことを知り、その技術を修道院のワイン造りに導入します。

そして、気密性の高いスペイン産のコルク栓を使うようにして、熟成を確実にするために、一年中一定の湿度と温度が保てるとして、カーヴ（地下倉）を石灰岩の地盤に掘らせました。

また、この地は寒冷地域であまりブドウ栽培に適していなかったため、その当時、毎年同じ良質なブドウができませんでした。

そこでドン・ペリニヨンは、違う畑からできたワイン、異なる年に造られたワインをアッサンブラージュ（調合）して、毎年同じ品質になるように研究を重ねたといわれています。この方法は、現在のシャンパン造りの基礎になったものです。

「シャンパン」を洗練したヴーヴ・クリコ

シャンパンは、瓶内で二次発酵させるために、瓶の中に死んだ酵母が澱（おり）として残ります。その澱によって19世紀初頭までのシャンパンは濁っていて、見た目も汚いものでした。

しかし、一八一六年にヴーヴ・クリコがシャンパンの色が透明にならないかと研究を重ね、回転させながら瓶口へ澱を集める"ルミュアージュ"を、澱が集まった瓶口を冷やし、瓶を上向きにして凍った澱を飛び出させる"デコルジュマン"を発明しました。

また、瓶内再発酵のために加糖するのですが、これを当時は職人のカンだけに頼っていました。加糖しすぎたものは炭酸ガスにより瓶が破裂してしまうリスクがありました。

しかし、フランソワという科学者が、瓶詰めする前のワインに残っている糖分を測り、瓶内で再発酵するために発生する炭酸ガスの量を測定する方法を発見したことによって、瓶の破裂を抑えることに成功し、品質の安定したシャンパンを大量に造ることができるようになりました。

シャンパーニュ方式で造られる「シャンパン」

3 世紀半も受け継がれてきたシャンパーニュ方式（瓶内二次発酵）

修道院の僧が考えたシャンパーニュ方式

あのシャンパン特有のキレある風味、繊細な泡はどうやって生まれてくるのでしょうか？

シャンパンは、製造地（シャンパーニュ地方内）、ブドウ品種、製造法まですべてを統一させるよう、フランスのワイン法で決まっています。

シャンパンが誕生したのは、1668年。発見者は修道院で酒庫係をしていたドン・ペリニヨンによってでした。

偶然にも発泡性のワインができ、試しにそれを飲んでみると美味しかったので生産するようになったといわれています。

それから改良に改良が重ねられ、現在の製法である"シャンパーニュ方式"が確立されるようになったのです。

こいつはすごい！シャンパンはこうやって保管されているのか……

16

シャンパーニュ方式

シャンパン造りの方法を「シャンパーニュ方式（瓶内二次発酵方式）」といいます。その製造法の一つ一つの過程は時間や手間がかかり、コスト面では非常にリスクが大きいのですが、その分、しっかりした泡と上品で繊細な風味のシャンパンを生み出します。

1 収穫（ヴァンタンジュ）

シャンパーニュ地方で栽培できるブドウは、規定によりシャルドネ（白ブドウ）、ピノ・ノワール（黒ブドウ）、ピノ・ムニエ（黒ブドウ）の3品種に限られています。
収穫は通常、9月中旬～10月上旬頃から始まり、規定によってシャンパン用のブドウはすべて手摘みされます。ブドウは果皮や果肉を傷つけないよう、丁寧に採取していきます。

2 圧搾（プレスラージュ）

ブドウが傷まないうちにすぐ圧搾所へ運び、圧搾機にかけます。黒ブドウを圧搾する時は皮の色が果肉につかないよう、静かに搾っていきます。浅く広い形は、シャンパーニュ地方独特のものです。

シャンパーニュの醸造に使用する近代的な圧搾機。浅く広い形が特徴

3 一次発酵 (フェルマンタシオン・アルコーリック)

収穫された畑ごと、ブドウ品種ごとに分け、圧搾したブドウの搾汁をタンクや樽に移し、一次発酵をさせます。発酵期間は10〜15日間になります。

4 調合 (アッサンブラージュ)

搾汁から一次発酵した原酒ワインに、前年あるいは前々年に収穫されたワイン30〜50種から、ブランドイメージに合わせてワインを調合していきます。(※ヴィンテージシャンパンの場合、この過程は行いません)

5 瓶詰め (ティラージュ)

4で調合したワインに、酵母とリキュール(古いワインに糖を加えたもの)を加え、瓶詰めにして貯蔵庫に静かに寝かせます。貯蔵庫は、石灰岩の地下深くに掘られ、室温は一年中涼しく、シャンパーニュ地方の年間平均気温の10℃を保っています。

6 瓶内二次発酵 (ドゥジエム・フェルマンタシオン)

瓶の中で酵母が糖分を分解しはじめ、アルコールと炭酸(泡)を発生させます。6〜8週間で二次発酵が終わりますが、この時に、発酵の働きを終えた酵母が澱となって、底へ溜まっていきます。

7 澱とともに熟成させる (ヴィエイスマン・シュル・リー)

ワインを澱とともに貯蔵庫で寝かせることにより、酵母の分解作用で2年で70％、6年で100％と徐々にワインにうまみが還元され熟成していきます。

ノン・ヴィンテージは瓶詰めから最低15カ月寝かせます。ヴィンテージものは3〜5年、その上のプレステージものは5〜7年寝かせることがワイン法で決まっています。

8 倒立（ミズ・シュル・ポワント）

澱下げ台（ピュピトル）に45度の角度で瓶口を下に向けて差し込み、並べていきます。

9 動瓶（ルミュアージュ）

澱下げ台に差し込まれた瓶を8分の1ずつ回転させ、傾ける作業を5〜6週間、毎日行います。最後は瓶の側面に溜まっていった澱を、瓶口の方へ集めます。

10 澱抜き作業（デコルジュマン）

マイナス20℃の塩化カルシウム水溶液に、瓶口の部分をつけます。溜まった澱を凍らせて瓶を上向きにし、栓を外して澱を飛び出させます。

11 甘味づけをする（ドサージュ）

ワイン内の酵母が糖分を完全に分解してしまい、糖分がなくなるので、再びリキュールを加えて、味を調整します。

12 打栓（ブシャーズ）

瓶口にコルクを打ち、針金を巻きつけて固定させます。

13 ラベル貼り（アビアージュ）

瓶にブランドラベルを貼って完成です。ラベルの下部には必ずシャンパーニュ委員会が交付した業者登録番号が記されており、シャンパンであることを証明しています。

製造技法で味の異なる「スパークリングワイン」

世界各地で造られる「スパークリングワイン」。さまざまな製造技法で、香りや美味しさを表現

「スパークリングワイン」はどうやって造られるの？

スパークリングワイン造りは、生産地やメーカーによって製法が異なります。

現在、スパークリングワインの製造法は大きく分けて5通りあります。その中でも主流はシャンパーニュ方式（瓶内二次発酵）と密閉タンクで醸造するシャルマ方式（密閉タンク方式）、そして炭酸ガスを注入する方式（炭酸ガス注入方式）の3つです。

高品質を維持し大量に生産するシャルマ方式

ワインの需要が高い地域では、なるべく多くの人に飲んでもらうため、シャンパーニュ方式から合理的に生産できる方式に改良されました。そこで誕生したのが、大きなタンクの中で発泡性ワインを大量に造るシャルマ方式です。

この製造法のおかげで、一度で大量にワインを造ることができるようになりました。

また、時間や手間が省け、さらに今までより低コストで生産できるようになりました。

シャルマ方式で造ったスパークリングワインは旨いな！

ゴクン

シャルマ方式（密閉タンク方式）

タンク内で発酵させるシャルマ方式は、一度で大量に造ることができるのでコストを抑えた短期間で製品化することができ、コストを抑えたスパークリングワインを造る場合に広く用いられています。直接空気に接触しないので、マスカット種やリースリング種など香りの強いブドウを使った場合はしっかりと香りがつきます。

1 収穫（ヴァンタンジュ）から一次発酵（フェルマンタシオン・アルコーリック）まではシャンパーニュ方式と同じです。

2 一次発酵を終えたスティルワインを大きなタンクに入れ、酵母とリキュールなど糖分を加えて密閉し、その中で二次発酵を起こさせます。

3 2の澱をろ過し、リキュールで甘味づけ（ドサージュ）します。

4 瓶に詰め、口にコルクを打って針金を巻き、ラベルを貼って完成です。

《その他の製造法》

● シャンパーニュ方式（瓶内二次発酵方式）
瓶の中で二次発酵をさせる方式。シャンパンをはじめ、スペインのカヴァ、ドイツのゼクトやイタリアのスプマンテはこの方式で造られています。

● トランスファー方式
一度、瓶の中で二次発酵させた二酸化炭素を含んだワインを、加圧下のタンクに開け、冷却、ろ過してから新しいボトルに詰めかえる方式です。シャンパーニュ方式での「動瓶」と「澱抜き」過程を簡略化させたもので、フランスのヴァン・ムスーやアメリカなどで徐々に浸透しつつある製法です。

● メドード・リュラル方式
アルコール発酵がまだ途中の状態のワインを冷却などして発酵を減速させ、糖分を残して瓶詰めさせ、残りの発酵を瓶内で行う製法です。

● 炭酸ガス注入方式
スティルワインの入った瓶やタンクに、直接炭酸ガスを注入させる方式です。

どんなブドウが使われているの？

使用するブドウ品種によって味、風味、香りが決まる

ブドウ品種で、ワインの個性が決まる

ワインの原料であるブドウは、造り手が選定した品種や配分によってワインの味や個性を左右するので、どのようなものを使用しているかを知ることは、ワイン選びの重要なポイントになります。

それは、使用するブドウによってそれぞれ色や風味に特徴が出ますので、あらかじめブドウ品種の知識を頭に入れておけば、ラベルや成分表を見ただけで、そのワインがどんな味をしているか大体予想がつくのです。これが、自分好みのシャンパン・スパークリングワインを探し出すひとつの手がかりになるのです。

特にスパークリングワインは、使用するブドウ品種に規制がないので、使用しているブドウ品種を知ることによって造り手のオリジナリティあふれるさまざまな味を楽しむことができるのです。

「シャンパン」の味を決定づける3品種のブドウ

シャンパン用として栽培され、使用されるのは、白ブドウのシャルドネ種と、黒ブドウのピノ・ノワール種、ピノ・ムニエ種の3品種です。

シャンパーニュ地方はフランスワインの産地としては最北部に位置していますが、年間を通して寒い気候の中でブドウを栽培しているので、毎年同じ品質のブドウを収穫することは難しいといわれています。

そんな厳しい環境の中で育った3品種のブドウは、実が熟す前に収穫されるので甘さが少なく、独特なシャープな味わいを出します。

黒ブドウのピノ・ノワール種

白ブドウのシャルドネ種

「シャンパン」で使われるブドウ品種

シャルドネ
● **特徴**／世界的人気の最高級の白ブドウで、シャンパーニュ地方の主要品種。豊かなコクと酸味のバランスがよく、繊細できめこまやかな風味が特徴です。高級なものほど、熟成によって風味が増していきます。

ピノ・ノワール
● **特徴**／深みのあるコクに、やや強い酸味が特徴の最高級の黒ブドウ。赤ワイン用として有名ですが、シャンパンとスパークリングワインにも使用されます。

ピノ・ムニエ
● **特徴**／ピノ・ノワールが変異した品種の黒ブドウ。独特のコクは、シャルドネやピノ・ノワールのバランスを支える補佐的役割を果たし、シャンパン・スパークリングワインの味わいをひとつにまとめる重要な品種です。

こんなブドウが使われていたのか……

「スパークリングワイン」で使われる代表的ブドウ品種

代表的な白ブドウ品種

ソーヴィニヨン・ブラン
● **特徴**／爽やかな酸味とフルーティな味わいを持つ、代表的な白ワイン品種。爽やかな中にスパイシーで個性的な香りが特徴です。

リースリング
● **特徴**／ドイツのゼクトなどで使われる品種で、果実風味豊かなブドウ。若いものは爽やかな酸味を持ち、熟成するにしたがって味が複雑で、甘味と酸味のバランスがとれたスパークリングワインに仕上がります。

モスカート・ビアンコ
● **特徴**／イタリアのアスティ・スプマンテなど、幅広く使われている品種。フランスでは「ミュスカ」と呼ばれています。生食用のマスカットに近い香りがし、爽やかで軽い味わいのスパークリングワインになります。

シュナン・ブラン
● **特徴**／フランス・ロワール地方では「ピノ・ド・ラ・ロワール」とも呼ばれ、ヴァン・ムスーなどに多く使用される白ワイン用の補助品種です。早く収穫をすればキリッとした辛口に、遅く摘めばハチミツや白い花のような甘口となります。

代表的な黒ブドウ品種

カベルネ・ソーヴィニヨン
● **特徴**／ロゼや赤スパークリングワインで使用される人気の赤ワイン品種。果実は濃い青色の小粒で果汁が多く、種子の部分に含まれる強いタンニンと酸味のバランスが絶妙に保たれています。

カベルネ・フラン
● **特徴**／カベルネ・ソーヴィニヨンと同じくロゼや赤スパークリングワインに使われる品種で、特徴も似ていますが、酸味やタンニンが少なく、やわらかな感じになります。

ジンファンデル
● **特徴**／カリフォルニア特有の赤ワイン品種で、スパークリングワインではロゼなどに使われます。ブラックベリーのような果実香が特徴で、軽いフルーティなものから、長期熟成させると濃厚になり味わいもさまざまです。

「シャンパン」の種類

同じ産地や製法で造られる「シャンパン」も、原料のブドウによって種類が分かれる

ブドウの品種で分かれる「シャンパン」の種類

シャンパンは、違う年のワインをブレンドし、品質を統一するように造られているので、ラベルに年号表記のないもの（ノン・ヴィンテージという）が多く、シャンパン生産全体の約8割も占めます。

そのためノン・ヴィンテージシャンパンは、各メゾンのスタイルを象徴した主力商品になります。

ほかにもブドウの出来のよい年のみに造られる「ヴィンテージ」や、最高級ブドウだけを贅沢に使った「キュヴェプレスティージュ」など、造り手のこだわりが詰まった究極のシャンパンが造られています。

もちろんこれらのシャンパンは、数にも限りがあり、非常に高価なものになるので、プレミアがつくほど人気になります。

製法、使うブドウ品種によって分けられる種類

シャンパンは、白ブドウと黒ブドウを混ぜて造られるのが基本ですが、白ブドウ（シャルドネ種100％）だけで造った「ブラン・ド・ブラン」や、黒ブドウ（ピノ・ノワール種、ピノ・ムニエ種のみ併用）だけで造った「ブラン・ド・ノワール」のように、品種を限定して、ブドウ本来の美味しさを生かした個性的なシャンパンも造られています。

「ロゼ」は、スティルワインのロゼの黒ブドウ品種を醸造の途中で果皮を取り除く造り方とは異なり、白ワインと赤ワインを混ぜて造られます。これはシャンパーニュ地方だけに認められた特別な製法で、白シャンパンと同様に「ヴィンテージ」や「キュヴェプレスティージュ」があります。価格も白よりは少し高価になります。

「シャンパン」の種類

シャンパンは、生産地やブドウ品種、製法が同じでも、さまざまな種類のものがあります。基本のノン・ヴィンテージは、各メーカーのスタイルを表わした代表アイテムとなっていますが、そのほかにも、メーカーのこだわりや遊び心など、個性豊かなさまざまなシャンパンが造られています。

こんなにシャンパンの種類があったんだ

ロゼ

シャンパンでは人気商品で、白のノン・ヴィンテージよりは少々高価。赤ワインと白ワインをブレンドして造る特殊製法が唯一許されています。

ヴィンテージ

ブドウの出来がよかった年の原酒ワインだけで造ったもの。ラベルにはヴィンテージ(年号)表記され、価格もぐっと高くなります。法定熟成期間は3年になります。

ロゼ　　ヴィンテージ　　キュヴェプレスティージュ

キュヴェプレスティージュ

各シャンパンメーカーを代表する最高級シャンパン。最高級のブドウを惜しみなく使ったシャンパンの贅の極み。ほとんどがヴィンテージですが、ノン・ヴィンテージのものもあります。

ブラン・ド・ブラン

〝白の白〟という意味で、白ブドウのシャルドネ種100％で造ったシャンパンです。

ブラン・ド・ノワール

〝白の黒〟という意味で、黒ブドウ(ピノ・ノワール種、ピノ・ムニエ種)だけを使った白いシャンパンのことです。

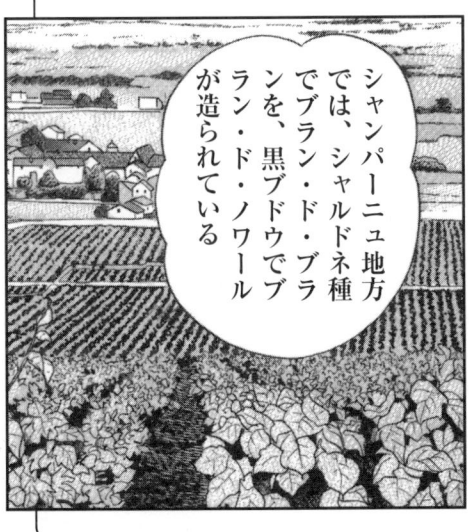

シャンパーニュ地方では、シャルドネ種でブラン・ド・ブランを、黒ブドウでブラン・ド・ノワールが造られている

「スパークリングワイン」の種類

産地と製法によって異なる呼び名と、さまざまな飲み口の「スパークリングワイン」

スパークリングワインとは発泡性ワインの総称

スパークリングワインとは、発泡性ワインの総称ですので、もちろんシャンパンも含まれますが、他のページでシャンパンについて説明していますので、ここではシャンパン以外の発泡性ワインについて紹介します。

スパークリングワインは、新鮮な飲み口でアペリティフ（食前酒）としてはもちろんのこと、食事、デザートとともに飲めるワインですが、産地や製法によって呼び名が変わってきます。

発泡性ワインの総称がスパークリングワイン

フランス

フランスでは、シャンパーニュ地方以外で造られるスパークリングワインを「Vin Mousseux：ヴァン・ムスー」（ヴァンはワイン、ムスーは泡を意味します。つまり"泡のワイン"）や「クレマン」といいます。

クレマンは、泡がクリームのようになるお酒の意味があります。これは、クレマン・ド・ロワールのように、産地の名前がつけられます。

ドイツ

一般的にドイツのスパークリングワインは、「シャウムヴァイン」と呼ばれます。中でも、アルコール度数10度以上、二次発酵による炭酸ガスが3.5気圧以上のものは「Sekt：ゼクト」と呼び、炭酸ガスが

2.5気圧以下の軽い弱発泡性のものは「Perlwein：パールヴァイン」と呼びます。

○ イタリア

イタリアの発泡性ワインは、「Spumante：スプマンテ」と、それ以外の弱発泡性ワインの「Frizzante：フリツァンテ」に分類されます。スプマンテの製法は、シャルマ方式が一般的で、一部地域ではシャンパーニュ方式で造られます。

イタリアの発泡性ワインの中でも、ピエモンテ州の"アスティ・スプマンテ"がDOCG（統制保証原産地呼称ワイン）として認められるほど、世界中で愛飲されています。

○ スペイン

スペインでは、スパークリングワインを総称として「Espumoso：エスプモーソ」と呼びます。その中でもシャンパーニュ方式で造られるものを「Cava：カヴァ」といいます。ちなみにCavaとはスペイン語で"洞穴"の意味があります。

○ アメリカ・オーストラリア

アメリカのスパークリングワインがこんなに美味しいって知らなかったよ！

アメリカやオーストラリアでも大量にスパークリングワインが造られています。

スティルワインの生産地のほとんどの地域で、シャンパーニュ方式で造られていますが、中には、通常の白ワインに後から炭酸ガスを圧入したスパークリングワインがありますので、シャンパーニュ方式で造られたものを選べば間違いないでしょう。

ラベルに隠れている知識

ラベルは、まさに「シャンパン」の顔。造り手の想いが集約されている

「シャンパン」にとってメーカー名は命

シャンパンのラベルには、正面に大きくメーカー(造り手)の名前が記載されています。

なぜならシャンパンは、ワイン法の格付け表記もなく、使用したブドウ品種や製法は同じで商品名で区別するしかないのです。

ヴィンテージ表記のものは少ない

シャンパンは、多年にわたって収穫したブドウやワインをブレンドし、品質を保持させているので市場に出回る8割はノン・ヴィンテージです。そのため、ラベルにヴィンテージ表記をしているシャンパンは多くありません。

しかし、ブドウの出来がよい年は特別にヴィンテージシャンパンが造られ、ラベルにも表記されます。

スパークリングワインのラベルの表記方法はスティルワインのラベル表記とあまり変わりません。

シャンパンのヴィンテージはどこを見るの?

お客様、シャンパンのヴィンテージものはラベルに収穫年が表示されます

ラベルからわかる「シャンパン」の味

シャンパンやスパークリングワインの多くは、製造過程の最後にリキュールを添加(ドサージュ)します。

このリキュール添加の甘味度を5段階(または6段階)に分け、消費者がわかりやすいようラベルに表示します。

店頭などに置かれているシャンパンのほとんどが、"ブリュット(Brut)"とラベルに表記されていますが、これは辛口シャンパンを表わします。"エクストラ・ブリュット(Extra Brut)"は、極辛口を、エクストラ・セック(Extra Sec)は、やや辛口を表わします。

"ドゥミ・セック(Demi Sec)"と表示されているものは甘口シャンパンを指し、"セック(Sec)"は、やや甘口、"ドゥー(Doux)"は、極甘口を表わしています。

この表示をラベルから読み取ることができるようになれば、シャンパン選びもさらに楽しくなるはずです。

ラベルからわかる使用したブドウの品種

ラベルには、使用したブドウ品種を記載するケースも多く、基本的にシャンパンは、白ブドウのシャルドネ種、黒ブドウのピノ・ノワール種、ピノ・ムニエ種の3種をブレンドして製造します。

しかし、単一のブドウ品種のみを使ったシャンパンもあります。これはラベルに記載されているメーカー名の最尾に記載されています。特に有名なのはシャルドネ種のみで造られたブラン・ド・ブラン(Blanc de Blancs)。シャルドネ種特有の上品でキリッとした風味が最大限に生かされたシャンパンです。

また、ピノ・ノワール種、ピノ・ムニエ種のみ使用したブラン・ド・ノワール(Blanc de Noirs)は、黒ブドウ特有の深いコクと味わいが楽しめます。

ブラン・ド・ブランを
代表するサロン1996

29

ラベルの見方

シャンパンのラベルをよくチェックすると、そのシャンパンのさまざまな特徴が見えてきます。

シャンパンの種類（最上級）

メゾン創業年
1868年

メゾン名
「カナール・デュシェーヌ」

銘柄・シャンパン名
シャンパンでは歴史上の人物を讃えて名付けられるパターンがよくあります。このシャンパンは、シャルル7世と名付けられています。

アルコール度数
12％vol=12％

容量
750㎖

シャンパンの種類
（ブドウ品種）
ブラン・ド・ノワール

ラベルからわかる味とブドウ配合の表記

ラベルにはこんなことが隠されていたのか……

シャンパンは、ボトルを手に取った時にどんな味か、またどんなブドウを使ったかがすぐにわかるようラベルに情報が記載されています。特にシャンパンの味は、甘さのレベルがどの程度あるか6段階に分けた表記がされており、それらを覚えていれば、自分の好きな味わいのシャンパンを迷わずすぐに見つけることができるでしょう。

味の表記

リキュール添加の度合い（1ℓ中）

- Extra Brut（エクストラ・ブリュット）……極辛口　　0～6g
- Brut（ブリュット）…………………………辛口　　　6～15g
- Extra Sec（エクストラ・セック）………やや辛口　12～20g
  ※Extra Dry（エクストラ・ドライ）ともいう
- Sec（セック）………………………………やや甘口　17～35g
- Demi Sec（ドゥミ・セック）……………甘口　　　33～50g
- Doux（ドゥー）……………………………極甘口　　50g以上

※リキュールの1ℓ中の度合いが多ければ多いほど甘口になります。
※リキュール添加（ドサージュ）がない場合、Brut ZERO（ブリュット ゼロ）、Brut 100%など表記される場合もあります。

ブドウ配合の表記

ブラン・ド・ブラン（Blanc de Blancs）
シャルドネ種100%で造られたシャンパンのこと。酸味とコクのバランスがとれた繊細な味わいが特徴です。

ブラン・ド・ノワール（Blanc de Noirs）
ピノ・ノワール種とピノ・ムニエ種だけで造られたシャンパンのこと。黒ブドウ特有のコクのある深い味わいに造られています。

色と香りの表現の仕方

色を楽しみ、香りを感じる芸術品の「シャンパン」。感じた色や香りを表現してみたい

製法や熟成期間で違う「シャンパン」の色

シャンパンの色は、少し黄色がかった麦わらのような色合いが特徴で、瓶内熟成期間が短いものは淡く、長いものは深みのある黄金色になるなど、濃淡がはっきりと違ってきます。

また、シャンパーニュ方式で造られたものは、ほとんど麦わら色の黄色に仕上がりますが、ヴァン・ムスーなどに代表されるシャルマ方式で造られたスパークリングワインは、全体的に若々しいやや青みを帯びた黄色の水色が特徴です。

香りを2度も楽しむことができる

シャンパン・スパークリングワインの香りは、最初グラスを鼻に近づけて感じられる香りを「アロマ」と呼び、シャンパンが空気に触れ、次第に熟成されてもたらされる香りを「ブーケ」といいます。

シャンパンの香りについては、フランスの「ワインの香りの分類（左ページ参照）」に基づいて表現されることが多いです。

シャンパンの香りは、自分の思ったように表現すればいいんだよ！

「シャンパン・スパークリングワイン」の色と香り

シャンパンやスパークリングワインは、複雑な製造方法や熟成期間によって独特な色合いを出します。それを「シャンパンカラー」といいます。また、香りを言葉で表現することも楽しみのひとつです。その表現に使う言葉は、フランスの「ワインの香りの分類表」に基づいています。ここでは、シャンパンによく使われる表現を紹介しています。

> 香りは自分が感じたことを表現すると楽しいよ！

色の分類

●麦わら色の黄色
麦わら色の黄色をしたシャンパン・スパークリングワインは、シャンパーニュ方式で造られています。シャンパンの場合、ブドウの出来がよい年のヴィンテージシャンパンは、若干の変化はあるものの、複数年のワインをブレンドして造るので、色合いの変化はあまりありません。熟成期間によって、黄色みの濃淡が違ってきます。

●青みを帯びた黄色
全体的にやや青みを帯びた黄色のスパークリングワインは、シャルマ方式で造られたものです。シャルマ方式は瓶内で熟成させず、タンク内で熟成させるので若々しい青い色みを帯びた黄色が特徴です。

香りの分類

●花の香り
白い花（白いバラ、ジャスミン、アイリス、水仙、アカシア）など

●果実の香り
（白）………………………桃、青リンゴ、レモン、オレンジ、マスカット、メロンなど
（ロゼ）……………………赤い果実（フランボワーズ、イチゴ、チェリー、カシス）など

●ハーブの香り
ミント、ローズマリー、セージなど

●香辛料の香り
ペパーミント、黒胡椒、シナモン、ナツメグなど

●ロースト（焙煎）の香り
トースト香、コールタール、煙など

●甘口ワインのアロマとブーケ
ハチミツ、蜜ロウ、ランシオなど

ヴィンテージって何？

「シャンパン」の多くはノン・ヴィンテージ、ブドウの出来がよい年はヴィンテージが造られる

「シャンパン」のヴィンテージ

シャンパンは、違う年に収穫したブドウで造られたワインを、いくつかブレンドすることで品質を保っています。これを「ノン・ヴィンテージ（NV）」といいます。

そのため、シャンパンのラベルには通常、収穫年を記載していないものが多いのですが、ブドウの出来がよかった年だけ、そのブドウを使ってシャンパンが造られ「ヴィンテージ」として収穫年が記載されます。また、その中でも特によいブドウを使ったものを「キュヴェプレスティージュ」といい、シャンパンの最高級品になります。

ヴィンテージの熟成期間は3年以上

ヴィンテージシャンパンは最低でも3年以上熟成させます。メーカーによっては、5、6年以上も熟成させるところがあります。

> すごい！このシャンパンは、6年以上も熟成させた「キュヴェプレスティージュ」ですね……

「シャンパン」のヴィンテージ

シャンパンのヴィンテージは、ブドウの出来のよい年にしか造られない貴重なものですが、味わいや香りなど品質はまさに極上の逸品。特別な日にいただけば、きっと心に残る日になることでしょう。

シャンパンのヴィンテージってこうなっているのか……

ノン・ヴィンテージ（NV）
ラベル／年号記載なし

各メゾンのスタイルを確立させるベーシックなシャンパン。シャンパーニュ地方内での畑で収穫したブドウ（シャルドネ種、ピノ・ノワール種、ピノ・ムニエ種）で造られた、それぞれ違う年のワインを配合します。どの年の何のワインをどのように配合するかは、シャンパンメゾンの方針によって違い、各ブランドの個性が出ます。これをアッサンブラージュ・ワインともいいます。

ラベルに年号記載がない

ヴィンテージ
ラベル／年号記載あり

シャンパン造りは、アッサンブラージュ（違う品種、畑、年のワインを混ぜる）することが基本ですが、特に優れたブドウ収穫年に限っては、ヴィンテージシャンパンを造ります。シャンパン法で決められた最低熟成期間は3年以上（ちなみにノン・ヴィンテージは15カ月）で、もちろんラベルにはヴィンテージが表記されます。

ラベルに年号が記載されている

キュヴェプレスティージュ
ラベル／年号記載あり、なしの両方

選りすぐりのブドウで造られる超特級シャンパン。多くのものはヴィンテージだが、ごくたまにアッサンブラージュ・ワインとしてのシャンパンらしさを生かしたもの（マルチ・ヴィンテージ）もあります。各メゾンを代表する高級品として造られ、豪華な瓶に詰められた、非常に高価なシャンパンです。

ラベルにプレスティージュの文字がある

ボトルはどんな形？

分厚いガラスの重圧感ある「シャンパーニュ型」は世界共通の発泡性ワイン専用のボトル

炭酸ガスに耐えられる「シャンパーニュ型」

スティルタイプのワインは、生産地域や銘柄によってボトルの形（左ページのスティルワインの代表的なボトルの形を参照）が異なります。

シャンパン・スパークリングワインのボトルは、シャンパーニュ型といわれる形で、ほぼ世界中で使われています。

このシャンパーニュ型のボトルの特徴は、首の部分が長く、なで肩のような形で、下部分がふくよかでどっしりとした安定感ある形をしています。

内容量の割に全体的にボトルが重いのは、中の炭酸ガスの圧力に負けてボトルが割れないよう、スティルワインのボトルよりもガラスを厚めにしているからです。

——首の部分が長い

——なで肩のような形

——下部分がふくよか

——ガラスが厚い

そうかシャンパンのボトルの形は、こんな意味があったんだ！

36

生産地・銘柄によって異なるボトルの形

ボトルのそれぞれ大きさや形、色からワインの特徴、生産地の由来がわかります。

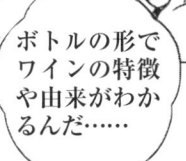

> ボトルの形でワインの特徴や由来がわかるんだ……

シャンパーニュ型（フランス）

首の部分が長く、なで肩のような形で、下部がふくよかなボトルが特徴です。世界中の発泡性ワインのほとんどがこのタイプになります。ボトルは炭酸ガスの圧力に負けないよう、厚くて頑丈なガラスの厚みがあり、どっしりと安定感があります。

スティルワインの代表的なボトルの形

ボルドー型（フランス）

肩の張ったボルドー型は、スティルワインの代表的な形。赤ワイン用は暗緑、白ワイン用は辛口が薄い緑、甘口が無色透明とガラスの色が決まっています。

ライン型（ドイツ）

ブルゴーニュ型を細くした、スレンダーなボトルが特徴。ガラスの色は茶褐色が一般的ですが、最近では青色や白色のものもあります。

ブルゴーニュ型（フランス）

一見シャンパーニュ型にも似た、なで肩が特徴のボトル。赤も白も同じ薄緑のガラス色です。

モーゼル型（ドイツ）

ボトルはライン型より少し背を低くした細身のシルエット。ガラスの色は一般的に緑色です。また、青色のものもあります。

フランケン型（ドイツ）

昔、ワイン詰めに使用されていた動物の革袋の形をモチーフにしたデザインで、ドイツのフランケン地方に多い形です。

キャンティ型（イタリア）

中央部分から藁苞（わらづと）に巻かれた球状のボトルで、トスカーナ地方の特産品です。

どんな店で購入すればいいの？

「シャンパン・スパークリングワイン」は、さまざまな購入方法で手に入れることができる

ワイン専門店で購入するのが安心

気軽に飲めるリーズナブルなテーブルタイプのスパークリングワインなら、どんな店で購入してもそれほど問題はありません。

しかし、シャンパンのような高級ワインは、ワインセラー（貯蔵庫）を設けている保存にこだわった店で購入するのが一番よいでしょう。

ワイン専門店やデパートのワインコーナーでは、ほとんどセラーを持っており、ヴィンテージものの高級ワインをはじめ、さまざまな高級シャンパンを保管しています。

また売り場には、ワインエキスパートなどの資格を持った店員さんがいるケースもありますので、初心者の人は好みの味、予算、どんな料理に合わせるか、使用用途などを伝えて選んでもらうのもよいでしょう。

また、シャンパンやスパークリングワインについて積極的に質問をしてみましょう。

インターネットで限定ものやヴィンテージを探す

本来ならお店へ足を運び、自分の目で見ていろいろチェックしてから購入するのが一番よいのですが、今まで飲んで気に入ったシャンパンをリピートして購入する時には、インターネットを使えばとても便利です。

購入の注意点

多様化するシャンパン・スパークリングワインの購入方法ですが、その分だけ、注意点もたくさんあります。

ワイン専門店、デパートのワインコーナー

欲しいシャンパン・スパークリングワインがあれば、売り場の店員さんにワインセラーから出してもらいましょう。セラーに入りたい時は、店員さんにひと言声をかけて入るのがマナーです。

> お客様がお探しのシャンパンは、こちらのワインセラーに保管してあります

インターネットからの購入

インターネットショッピングの場合

最近では、酒屋さんや専門店が運営する販売サイトが増え、自宅で簡単にシャンパン・スパークリングワインを注文することができます。各サイトによって規約が設けられているので必ず目を通し、何か質問があれば、電話やメールで問い合わせるなど、よく理解した上で購入しましょう。

インターネットオークション

シャンパンブームから、最近では高級シャンパン・スパークリングワインをはじめ、たまに貴重なヴィンテージものが出品されていることがあります。

人気アイテムはどんどん競り上がっていきますが、中には蔵元や店舗の在庫処分などで通常より安く手に入るケースもあります。

各オークションサイトの利用規約をよく理解し、オークションに出品する方も、買う方も規定に従って取り引きしましょう。

美味しく飲む適温は？

温度によって風味が左右される発泡性ワイン

① シャンパン・スパークリングワインの適温は4〜8℃

シャンパンやスパークリングワインは、発泡性が強いため、その特徴を生かすためには、よく冷やして飲むのが一番美味しいとされています。

シャンパンの適温は4〜8℃で、さらに細かく分けると、辛口のシャンパンは8℃、甘口のもので4℃くらいがちょうどよいです。

> シャンパンもちょうど8℃に冷えて飲み頃だ……

② ワインクーラー（シャンパンクーラー）を用意する

ワインクーラー（またはシャンパンクーラー）は、ステンレス製やアルミ製のものが多く、中には素焼きの陶器のものやガラス製のものもあります。

価格は3000円くらいから数万円するものもあります。また、オーソドックスな形のものから、インテリアとしても活躍できる凝った形のものまであり、まさに多種多様です。

また、製造は食器メーカーや専門職人のほかにも、大手シャンパンメーカーが作ったオリジナルのクーラーなどもあり、実に個性的です。

ワインクーラーの中には、氷を3分の1、水を3分の1入れて瓶をボトルネックまで、25〜30分くらい冷やしておけば、ちょうどよい適温になります。

40

美味しく飲む温度

シャンパン・スパークリングワインのような発泡性ワインは、温度が高くなると瓶内の炭酸が膨張し、コルクを抜栓した際に噴き出してしまったり、風味も落ちてしまうので温度にも気をつけなければいけません。

> 美味しく飲むには、温度が大切だったのか……

辛口の適温は8℃

辛口のシャープでスキッとした爽快な特徴が生かせるのは、8℃くらいがちょうどよいです。また、食前酒としても活躍するので、あまり冷やしすぎたワインを空きっ腹に入れてしまうと体を冷やしてしまいますので、これくらいが適温です。

甘口の適温は4℃

甘口は食後などのデザートワインとして活躍するので、キリッと冷やした4℃くらいが適温です。冷たく冷やすことで、食後の口をやさしくケアし、ワインのドサージュ(甘味)が効いて風味も引き立ち、美味しく飲むことができます。

抜栓した後もワインクーラーで冷やす

1杯目でよく冷えた美味しいシャンパンを飲んだ後の、2杯目がぬるいと正直ガッカリしますよね。そんな気分にならないためにも、シャンパンは抜栓したら、すぐに水と氷をはったワインクーラーで瓶を冷やしておきましょう。そうすれば、2杯目、3杯目も美味しくいただくことができます。爽やかで、心地よいのどごしのシャンパンを楽しむためには、こまめに冷やすことが、一定の美味しい温度を保つコツなのです。

> ワインクーラー(シャンパンクーラー)に水と氷をはり、抜栓したシャンパンを冷やしましょう

誰でもできる正しい抜栓の仕方

大きな音を出さず、静かに抜栓するのが正しい開け方

栓の仕方はちょっとしたコツがいりますが、マスターしてしまえば、誰でもスマートに抜栓できるはずです。

○ コルク栓を飛ばして開けるのは大間違い

よく外国映画などで〝ポーンッ！〟とシャンパンのコルクを飛ばすシーンなどを見たことがある人も多いかと思います。

しかし、本来これは不作法にあたります。狭い室内でコルクを飛ばせば、人や物に当たる恐れがあり大変危険です。また勢いよく抜栓すれば、炭酸ガスで中身が噴き出してしまい、周囲の人や物にかかってしまう恐れもあり、これではテーブルセットやドレスアップした洋服もだいなしになってしまいますので注意しましょう。

○ 大きな音を立てて抜栓しては駄目

コルクを抜栓をする際、「ボンッ」という大きな音を出すのは、恥ずかしいこととされています。抜

「本当はこんな抜栓の仕方をしてはいけないんだけど……」

42

正しい抜栓方法

① 十分に冷えたシャンパン・スパークリングワインをしばらく安静させ、ソムリエナイフなどでキャップシールの上部をはがしていきます。

② 右手でコルクが飛ばないように押さえながら、左手で巻きつけてある針金をゆっくりはずします。

③ コルクが飛び出さないように、瓶口に布ナプキンをかぶせ、その上から右手でコルクをしっかりと押さえ、左手で瓶底部分を持ち、瓶をゆっくりと回していきます。

④ 瓶の中の圧力で自然とコルクが持ち上がってきます。抜けかかったコルクの頭を少し傾けるようにして、隙間から炭酸ガスを「シューッ」と抜きながら、静かにコルクを抜いていきます。
※「ポンッ」と大きい音をさせて開けると、泡とともにそこに溶けているうまみが逃げてしまうので注意しましょう。
※コルクが固くて抜けない場合は、シャンパン用のペンチでコルクを挟み、瓶をねじるようにすると簡単に抜けます。

⑤ ボトルの口を布ナプキンなどで拭いてから注ぎます。

美味しい注ぎ方知ってる？

弾ける泡立ちが魅力の「シャンパン・スパークリングワイン」。注ぎ方も美しく華やかに演出したい

泡の様子を見ながら2、3回に分けて注ぐ

コルク栓を抜き、炭酸を落ち着かせるためにひと呼吸置いてから、布ナプキンで瓶口を軽く拭いて、シャンパンを静かにグラスの中で泡をよく落ち着かせながら、2、3回に分けて注ぎましょう。

> 私に冷えたシャンパンをちょうだい！

> はい、奥様かしこまりました

2杯目も慎重にサービスしたい

2杯目をグラスに注いであげる時も、ワインクーラーにつかっていた瓶の水滴がこぼれないように布ナプキンやタオルで拭き、瓶底部分にタオルを手で当てながら、ゆっくり注ぎ入れます。

ここで水滴がグラスやテーブル、または、ゲストの衣類などにかかっては気分もだいなしになってしまいます。常にクーラーの横には布ナプキンかタオルを置いておくと便利です。

> 2杯目もよく冷えているぜ!!

シュボボ…!

「シャンパン」の注ぎ方とポイント

シャンパンをグラスへ注ぐ時、グラスの中で泡が躍り弾け、ワイン香が放たれると、心がウキウキします。そんな瞬間を印象的なものにしたいものです。

正しい注ぎ方のコツを覚えよう！

1 コルクを抜栓（P43参照）後、瓶内の炭酸を落ち着かせるためひと呼吸置いてからグラスへ注ぎます。

2 グラスへ一度に注ぐと中が泡だらけになってしまうので、グラス内で泡を落ち着かせながら、2、3回に分けるなど、少しずつ注ぐのがポイントです。

3 注ぐ量は、半分より気持ち多いくらいが見栄えがいいです。複数人にサービスする場合は、量を均一にしましょう。

4 瓶の中にまだお酒が残っていたら、シャンパンクーラーに入れて保冷しておきましょう。その際、傍らには瓶の水滴を拭くための布ナプキンやタオルも置いておきましょう。

使用するグラスの種類

個性ある2種類のシャンパングラス。雰囲気やシーンに合わせて使い分けたい

五感でゆっくり堪能したい「フルート型」

シャンパンやスパークリングワイン専用のグラスは、「フルート型」と「ソーサ型」の2種類があります。

「フルート型」は、その名の通り、グラス部分が楽器のフルートのように細長く、底辺が鈍角になっているのが特徴です。これはグラスに注がれたシャンパンの立ち上がる泡を鑑賞するためと、香りを逃げにくくするよう口を狭めて作られた、まさに五感でシャンパンを楽しむためのグラスといえます。

「ソーサ型」は、飲み口が広いために、シャンパンの香りが早く逃げてしまうことと、グラスが浅いので泡を鑑賞することには不向きですが、一気に飲むことができるので、乾杯用としては最適です。また、グラスのステム（グラスを持つ部分）が短いので、飲みやすくなっています。

ボクはちょっとお酒が弱いから炭酸が逃げやすいこのソーサ（チューリップ）型が好きなんだよ！

「シャンパン・スパークリングワイン」の代表的なグラス

フルート型

細長いグラスは、シャンパンの泡をゆっくり鑑賞するためで、底が鈍角なのは、きれいに泡を立たせるために工夫されています。そのため泡は消えにくく、香りも保てます。

ソーサ(チューリップ)型

口が広くてステム(グラスを持つ部分)が短いのが特徴。フルート型に比べれば入る量も少なく、香りや泡は早く逃げがちだが、一気に飲めるので乾杯の時に使われます。

その他の代表的なワイングラス

ボルドー型

一般的によく見かけるワイングラス。内側をカーブさせることによって、徐々に香りが放たれるので、長期熟成させたワインを味わうのにピッタリです。

アルザス型

ボルドー、ブルゴーニュに比べてひとまわり小さなアルザス型。内側へカーブした縁(エッジ)は、アルザス特有のほどよい酸味と香りを楽しむためだとか。

ブルゴーニュ型

グラス部分が球状になっているものは、ワインの香りを素早く楽しむことができます。また、縁が外側へそったものは、口をつけた時に甘味を強調させるので、酸味の強いものに合います。

シェリー型

全体的に小ぶりのシェリーグラス。シェリーはアルコール度数が高いので、日本酒のおちょこのように、少しずつ味わいます。

正しい保存方法を教えて……

「シャンパン・スパークリングワイン」はとてもデリケートなお酒。よい状態で管理したいでの保存です。冷蔵庫内で長期保存をすると、温度が低すぎて、熟成が止まってしまい、コルクが乾いて硬化する恐れがあるので注意しましょう。

家庭用ワインセラーでの保存が一番

せっかく温度管理をされた店でシャンパンやスパークリングワインを購入されても、家庭で飲むまでの間の保存方法が間違っていれば、せっかくの風味も損なわれ、だいなしになってしまいます。

シャンパンにとって一番よい保存方法は、風通しがなく、光が当たらない台所の床下などが理想的です。

しかし、夏は蒸し暑くて冬は寒いという日本の気候では、家庭内でシャンパンをうまく保存するのは至難の業です。

ベストなのは、家庭用ワインセラーで保管することです。ワインセラーで保管すれば大丈夫です。常時ワインやシャンパンを飲まれる人にはおすすめです。

保存方法で避けたいのは、冷蔵庫（野菜室以外）

彼女がね〜

冷蔵庫で保管するのはよくないんだけど……

家庭での正しいシャンパンの保存方法

家庭用ワインセラー

最近では家庭用ワインセラーや、ワイン用冷蔵庫が多く市販されています。場所も取り、少々値段も高めですが、常時ワインやシャンパンを多数保存しておきたい人は、思いきって購入してみるのもよいでしょう。

無風無光の台所の床下で保存

ワインセラーの準備はできないが、シャンパンを保存したい人は、夏季には、瓶をしっかり新聞紙で包み冷蔵庫の野菜室で保存するのがよいでしょう。通常は、8～25℃で、湿度60％以上で、無風無光の台所の床下などに保存しましょう。しかし、長期保存はできないので注意しましょう。台所や居間は、温度変化が激しいので避けてください。

保存してはいけない場所

冷蔵庫

長い間冷蔵庫へ入れっぱなしにすると、低温すぎて熟成も止まり、コルクが乾燥してワインを酸化させてしまうことが多いので避けましょう。また、ドアの開け閉めの振動が激しく、他の食品の臭いがついてしまう恐れがあるので保存には適していません。

飲み残しは専用の栓で保管する

シャンパンやスパークリングワインは炭酸の気が抜けたり、風味が落ちるのが早いので、なるべく抜栓をしたらすぐに飲んだほうがよいのですが、どうしても飲めなかった場合は、保存専用のシャンパンストッパーがありますので、それでしっかりと栓をし、冷蔵庫で保管してください。
また、シャンパンやスパークリングワインを使った料理に使用するのもよいでしょう。

レストランでより楽しむ方法

レストランで楽しむ最大のコツは気取らず、知ったかぶりをしないこと

> 二人のために
> シャンパンで乾
> 杯しましょう……

食前酒として最適な「シャンパン・スパークリングワイン」

食前酒とは、その名の通り食事の前に飲むもので、食欲を高める効果があり、食事を楽しく美味しくいただくためのものです。

シャンパン・スパークリングワインは、炭酸が含まれているため、胃をほどよく刺激してくれますので、食前酒として最適です。また、料理がくるまでの会話をはずませてくれる役割もしてくれます。

レストランでメニューをもらう前に、ソムリエに"食前酒はいかがいたしましょうか"と聞かれることがあります。しかし、絶対に食前酒を頼まなければならないものではありません。

食前酒をいただく場合は、ソムリエに好みを伝えておすすめを選んでもらうのがベストです。でも、彼女と一緒でちょっと格好をつけたい時は、酸味が軽めのシャンパンを頼めば間違いないでしょう。

料理にもよく合う「シャンパン・スパークリングワイン」

レストランではまず料理を決め、その料理に合ったワインを注文します。

ワインについて詳しければワインリスト（メニュー）の中から選択すればよいでしょうが、あまり自信がない人は、ソムリエに頼むとよいでしょう。その時に、どんな料理を頼んだか、ワインの好み、アルコールに強いか弱いか、予算はどのくらいかなどを伝えましょう。

シャンパンやスパークリングワインは、アペリティフ（食前酒）と思いがちですが、料理にもよく合いますので、困った時にはシャンパンやスパークリングワインを頼むとよいでしょう。

スズキ、マダイの刺し身（白身）には、比較的酸味のしっかりしたもの、マグロ（大トロ）、ヒラメには、コクと深味のあるシャンパンやスパークリングワインを選びましょう。

肉料理には、甘味のさっぱりしたロゼや酸味のしっかりしたシャンパンも合います。また、キャビアやからすみなどの酒肴品には、コクと深味のあるものや、酸味のしっかりしたものが合います。詳しくはP170・171で紹介していますので、参考にしてください。

スティルワインは、レストランによっては、グラスワイン、ハーフボトル、フルボトルがありますが、シャンパン・スパークリングワインは、ほとんどフルボトルになりますので注意しましょう。

ちなみにボトル1本750㎖の場合は、グラス7杯程度になります。もし、グラスワイン（シャンパン）がある場合は、飲める量によってこちらを頼んでもよいでしょう。

頼んだワインかどうか確認する

お客様がフルボトルで頼んだ場合、ソムリエは抜栓する前に、頼んだワインをお客様（その日の招待した主催者・ホスト）のテーブルに見せにきます。

これは、頼んだ銘柄か、ヴィンテージは合っているか、色は合っているか、液漏れがないか、ラベルは汚れていないか（年代ものは多少汚れています）をお客様に確認してもらうものです。

シャンパンの場合の多くは、ノン・ヴィンテージになりますので、ラベルに記載されているメーカー（造り手）名をチェックし、ヴィンテージものは、メーカーと年代をチェックしましょう。

また、ブラン・ド・ブランやブラン・ド・ノワールは、ラベルのメーカー名の末尾に記載されています。

ホストはそれらのことを確認してOKであれば、"お願いします"とか"はい、これでよろしいです"といいましょう。

気になることがあれば、臆することなくソムリエにいいましょう。

> さっきソムリエに見せてもらったワインの状態は最高だったね。今日の食事は楽しめそうだ

ホストテイスティングをする

ホストのOKが出ると、ソムリエがテーブルの近くで抜栓をしてくれます。異常がなければ、ホストのグラスに4分の1ほど注いでくれるので味見をしましょう。

日本ではビールや日本酒を相手が注いでくれるときにコップを持ちますが、ワインの時は、注いでくれる時にグラスを持たないようにしましょう。

テイスティングの時は、あまり気張らずに色と味を確認して、異常がなければ"お願いします"といえばOKです。

この時に注意したいのは、注がれたワインを全部飲むのではなく、ほんの少し飲むだけにしましょう。

テイスティングは、まず最初に色を確認します。

次にグラスを鼻のあたりまで近づけ、香りを確認します。グラスを回し、もう一度香りを確認します。口に少量のワインを含みます。舌の上でワインを転がし、酸味や渋味をチェックします。再びグラスを鼻に近づけ、香りをチェックします。さらにワインを口に少量含みのどごしと後味をチェックします。

しかし、ここで紹介したテイスティングの仕方は、プロ用のテイスティングになりますので、素人の人は色を確認し、香りを1回確認するだけでもよいでしょう。

若いシャンパンやスパークリングワインでは、さほど問題はないでしょうが、年代ものやヴィンテージものは、味、香りが変化しているものがあるかもしれませんが、ソムリエが認めるほどのよっぽどのものでない限り、抜栓後（テイスティング時）に違うものに変更されますと料金に加算されますので注意しましょう。

ちなみに、テイスティングとは、中世ヨーロッパで国王の食事や晩餐会などに出されるワインに、"毒は混入されていませんよ、安心してください"の意味合いで、ソムリエがテイスティングしたのが始まりといわれています。

自分でグラスにワインを注いでもいいの?

ワインを飲む時や、乾杯する時はグラスが割れないように十分に気をつけましょう。ワイングラスは、温度や舌ざわりなどをわかりやすくするために非常に薄くできています。特に口をつける縁(エッジ)は欠けやすいので注意しましょう。

グラスのワインがなくなったら、基本的にソムリエが注いでくれますが、ソムリエが気づかなければ、お店の人にひと声かけてソムリエを呼んでもらいいでしょう。

あまりにも店が忙しく、ソムリエがなかなか来なければ、自分で注いでもよいのですが、この時はホストがゲストに(男性と女性の場合は、男性が)注いであげましょう。

この時に気をつけたいのが、シャンパンについている水滴がテーブルやグラスの中、ゲストの洋服などに落ちないようにすることです。ワイン(シャンパン)クーラーの横に布ナプキンやタオルが置かれていますので、ワイン(シャンパン)クーラーからボトルを静かに抜き出し、ついている水滴を丁寧に拭き取ってから、相手のグラスから静かに2、3回

フランスの高級フレンチレストランでは、男性が女性にワイン(シャンパン)を注ぎ、女性は一切ボトルに触ってはいけないって本当ですか?

に分けるように注ぎましょう。高級フレンチレストランなどでは、女性はボトルに一切触ってはいけないという暗黙のマナーがあるほどです。

> 食事の後もシャンパンが最高だね
>
> そうね！

食事の後に食後酒を楽しむ

高級レストランでは、料理とワインを楽しんだ後に、"食後酒はいかがですか？"と聞かれます。食後酒とは、最後にお腹を満たすことと、料理の消化を促す効果があります。

一般的に、シェリーやポートワインなどの甘口のフォーティファイド・ワインになりますが、現在、シャンパンでも甘口のロゼやフルーツで造られたものであれば、食後酒として飲まれます。

シャンパーニュ地方のシャンパンディナー

シャンパーニュ地方でもシャンパンの街として知られるランスやエペルネでは、ディナーはもちろんのこと、ランチでもシャンパンがよく飲まれます。

ディナーは、食前酒から前菜、メイン料理、デザートまでシャンパンを飲みながらいただくコースもあります。この時、1本のシャンパンを最後まで通してもいいでしょうし、料理に合わせて替えてもよいでしょう。この考え方は、日本のレストランでも通用します。

COLUMN
「シャンパンは早く酔いが回るって本当？」

　個人差はありますが、シャンパンやスパークリングワインのような発泡性ワインは、一般的に早く酔いが回るお酒とされています。
　発泡性ワインは、含まれる炭酸ガス（泡）が胃袋を刺激します。この刺激が、食欲増進をはかると同時に、ワインのアルコール分をどんどん胃袋から体内へ吸収していくので、アルコールの吸収率が上がり、早く酔ってしまう原因になるのです。胃が空っぽの時に飲めば、余計に早く酔いが回りますので、特にお酒に弱い人は、シャンパンを飲む前に、何か軽く食べておくといいでしょう。
　またシャンパンは、良質なものほど悪酔いしないとされています。それは、悪酔いのもとになるヒスタミンという成分の含有量が少ないためといわれています。その時の気分によって左右するかもしれませんが、同じアルコール度数のものでも、良質なシャンパン・スパークリングワインは、穏やかな気分で酔うことができますが、逆に雑なものは、悪酔いする確率が高いといわれています。やはり飲みすぎは禁物です。
　スティルワインに比べ発泡性ワインは、シュワシュワと口当たりもよく飲みやすいお酒なので、最初から調子に乗ってガバガバ飲んでしまうと、後で取りかえしがつかないことになってしまうこともありますので気をつけましょう。

「シャンパン・スパークリングワイン」の カタログ

Escapades en Champagne

シャンパン街道を行く

スパークリングワインの中でも〝シャンパン〟と名乗れるのは、特定の場所、特定のブドウ品種、栽培法、醸造法などの厳しい条件をクリアして、シャンパーニュ地方で造られたものだけです。「ワインの芸術品」ともいわれるシャンパンの故郷・シャンパーニュ地方の拠点ともいえるランス、エペルネ、トロワと、その村々を訪ねます。

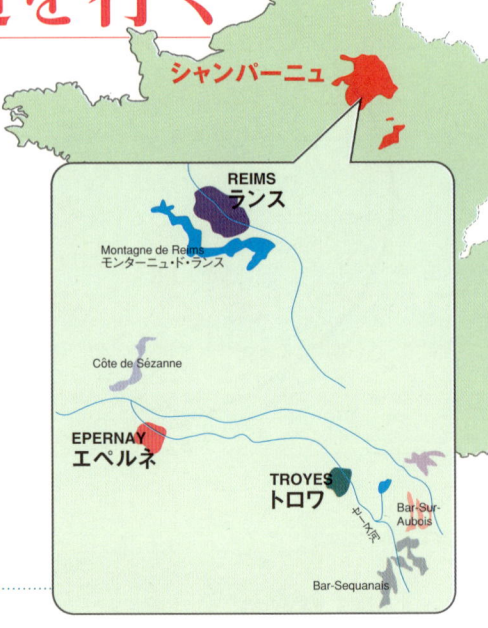

フランス三大銘産地として知られる選ばれし地・シャンパーニュ地方

フランス・パリの北東150kmにシャンパンの故郷シャンパーニュ地方があります。このシャンパーニュ地方は、フランスブドウ栽培の北限の地です。250の村々に約2万8000ヘクタールのブドウ畑が広がる、フランス三大銘産地のひとつです。

ブドウの主要産地は、ランス周辺のモンターニュ・ド・ランス、マルヌ河沿いのヴァレ・ド・ラ・マルヌ、エペルネの南に広がるコート・デ・ブラン、トロワの南に広がるコート・デ・バールなどの限られた地域になり、比較的なだらかな丘陵地帯にブドウ畑が広がります。

シャンパン用のブドウ栽培に最適な石灰質が混在した泥土質土壌（キンメリジャン）と、高緯度下の気象が、白ブドウのシャルドネ種、黒ブドウのピノ・ノワール種、ピノ・ムニエ種を育みます。

ブドウが実る7月下旬から8月下旬にかけて、シャンパン街道沿いの村々では、〝シャンパン街道祭〟が開催されます。試飲のための屋台や、食べものの屋台が並び、フランス国内はもちろんのこと、世界各国からシャンパンファンが集まります。

Escapades en Champagne

ランス
REIMS

歴史を感じさせる建造物とシャンパンセラーが立ち並ぶランス

ランスは、中世の時代から1825年まで、25人ものフランス国王たちの戴冠式が行われたシャンパーニュ地方の中心都市です。

多くの彫像で飾られたノートル・ダム聖堂をはじめ、トー宮殿、サン・レミの遺体を安置したベネディクト派の教会サン・レミ聖堂、修道院を利用したサン・レミ博物館の4つがユネスコの世界遺産に登録されています。まさに荘厳なゴシック建築など、歴史を感じさせる街として知られています。

そして、このランスにはG・H・マム、パイパー・エドシック、ポメリー、テタンジェなどの有名なシャンパンセラーが並ぶ、シャンパン街道スタートの地点として知られています。

ランスの郊外のなだらかな丘陵にブドウ畑が続くモンターニュ・ド・ランスがあります。"花の咲く村"といわれるクーロンム・ラ・モンターニュや、美しい洗濯場が今なお残るジュイ・レ・ラ・ランスなどの村があり、ブドウ畑が広がります。

そして、シャンパン用の代表ブドウ品種のピノ・ノワール種とピノ・ムニエ種を中心に栽培しているリュード、マイー・シャンパーニュ、12世紀のベネディクト派の修道院に守られているヴェルジーなどの村があります。

なだらかな丘陵にブドウ畑が続くモンターニュ・ド・ランス

1836年に設立されたポメリー社。ブリュット（辛口）のシャンパンがマダム・ポメリーによって最初に造られたことで知られている

エペルネ
EPERNAY

街の中心を通るシャンパン大通りに有名メーカーセラーが立ち並ぶ

エペルネの中心にあるレピュブリック広場から東へまっすぐ延びているのが、シャンパン大通りです。

この通りには、ルネッサンス様式のカステラーヌ、メルシエ、モエ・エ・シャンドンなどの、有名なシャンパンメーカーの豪華な本社の建物が立ち並びます。

中でも1743年に建てられたモエ・エ・シャンドンは、最も大きくて立派な建物です。また、シャンパーニュ地方の歴史や伝統を展示した博物館が多く、まさにシャンパンの街・エペルネを象徴しています。

また、エペルネの地下には総延長100kmにも及ぶ白亜質のシャンパンセラーがあり、何百万本ものシャンパンが貯蔵されています。

エペルネの近くには、フランスや外国の君主たちがブドウ畑や圧搾所を所有していた、城壁に囲まれたアイ村があります。ここには、フランス・ブルボン王朝の初代国王・アンリ4世の圧搾所だったといわれる木骨組みの家などもあります。

また、エペルネから少し足を延ばせば、1670年頃からシャンパンを造っていたといわれるシャンピヨンなどの村があります。

このエペルネの村々には、見学できるシャンパンセラーが数多くありますので、機会がある人は事前に電話を入れて見学してみましょう。

シャンパーニュ地方エペルネのブドウ畑

1743年創立のモエ・エ・シャンドン

トロワ TROYES

シャンパーニュ地方一番の美食の街 トロワでシャンパンを味わう

トロワは木骨組みの家々や、フランボワイヤン・ゴシック様式のサン・ピエール・エ・サン・ポール大聖堂、見事なまでの大ステンドグラスがあるサント・マドレーヌ教会などが並ぶ、今なお中世の雰囲気が残る街です。

トロワを南下するとあるコート・デ・バールを中心に、ブドウ畑の中をセーヌ河が流れ、昔からのブドウ農家が軒が連ねるセル・シュル・ウルス、ヌヴィル・シュル・セーヌなどがあります。

そして、シャンパーニュ地方で最大のブドウ栽培地区で、3種類ものAOCワインを産出しているレ・リセーがあります。ほかには、城塞都市のギエ・シュル・セーヌ、ロッシュ・シュル・ウルス、ヴィル・シュル・アルスなどの村があります。

トロワの東側はバール・シュル・オーブを中心に、12〜18世紀に建てられた古い教会があるユルヴィル、シャンピニョル・レ・モンドヴィル、アルジャントルなどの村があります。

トロワは、シャンパン街道に沿って中世の街並みと、なだらかな丘陵にのどかな風景のブドウ畑が広がります。

さらに足を延ばすと、コロンベ・ル・セック、アルコンヴィルなどの村で、盛んにブドウが栽培されています。

ブドウの収穫風景。一粒一粒大切に手摘みされる

知っておきたい
「シャンパン」の代表メーカー

フランスのシャンパーニュ地方だけで造られるシャンパンですが、数多くのメーカーがあり、「ノン・ヴィンテージ」をはじめ、「ヴィンテージ」「キュヴェプレスティージュ」が造られていますので、店頭には数多くのシャンパンが並んでいます。すべてが厳しい条件をクリアしていますので、どの商品も美味しいのですが、それでも何を選んでいいか迷った時は、ここで紹介する8メーカーから選べば間違いないでしょう。

Moët&Chandon
モエ・エ・シャンドン
シャンパンを発明したドン・ペリニヨンが従事したオーヴィレール修道院のブドウ畑を購入し、プレスティージュ・シャンパンに「ドン・ペリニヨン」の名をつける権利を得て、世界中で最も有名なシャンパンメーカーになりました。

Veuve Clicquot Ponsardin
ヴーヴ・クリコ・ポンサルダン
澱が混ざり、濁った色をしていた19世紀初頭のシャンパンを、研究を重ね、1816年、澱を取り除く「ルミアージュ」を発見。宝石のように光り輝く、現在の水色のシャンパンを造り出したのは、マダム・クリコの功績です。

Krug
クリュッグ
「最高のシャンパーニュを造るためには、あらゆる努力を惜しまない」という哲学で、最上級のブドウの一番搾りのみを使い、30年以上使い続けられている小樽で一次発酵を行うなどの伝統的な醸造方法をかたくなに家族で守っています。シャンパンはちょっとという人は、クリュッグをぜひ飲んでほしいものです。

Lanson
ランソン
シャンパーニュ地方・ランスでも最も古いシャンパンメーカーのひとつで、ヴィクトリア女王時代に、英国王室御用達になったのをはじめ、スウェーデン王室、スペイン王室の御用達となり、世界中で最も知られ、愛されるシャンパンメーカーです。

Taittinger
テタンジェ
創業者ピエール氏の「人々のライフスタイルが時代の流れの変化によって、シャンパンも力強いものから、軽くエレガントなものが好まれる」と、シャンパンの改良に着手した鋭い観察力が、シャンパンの代表ブランドにしました。

Pommery
ポメリー
マダム・ポメリーの「シャンパンを造ることは芸術を造ること」という言葉の通り、当時主流だった甘口シャンパンではなく、現在のシャンパンの主流の"ブリュット(辛口)"を最初に造り出したポメリー社。まさに「現代シャンパン生みの母」といってよいマダム・ポメリーの偉業です。

Louis Roederer
ルイ・ロデレール
かつてのロシア皇帝アレキサンドル2世のためだけに造られていた、当時のルイ・ロデレール社を代表する最高級シャンパン「クリスタル」。そんな技術と名声がやがて、国際的な有名メーカーとして、常にシャンパントップメーカーとして君臨しています。

Salon
サロン
シャルドネ種の一番搾り(キュヴェ)のみ使用したシャンパン1種類だけしか造っていないサロン社。最低でも7〜8年半、長いものでは13年以上も熟成させたシャンパンは、まさにウジェーヌ・エメ・サロン氏の妥協を許さない完璧主義の精神が今なお受け継がれています。

Champagne ★ Maker

モエ・エ・シャンドン社
Moët&Chandon

ラグジュアリーシャンパン「ドン ペリニヨン」で有名な、モエ・エ・シャンドン社
いつの時代でも愛され、存在感あるシャンパンを造る

誰もが認める一流のシャンパン

1743年、エペルネ周辺に畑を持っていたクロード・モエ氏によって創業。後に姻戚関係にあったシャンドン家が加わり、現在のモエ・エ・シャンドン社となりました。以来、ヨーロッパを中心とする王族や貴族など一流の顧客を持ち、近年ではパリコレなどファッションショーの公式シャンパンに認定されるなど、いつの時代でも一目置かれる存在となっています。

そんなモエ・エ・シャンドン社は、世界最大のシャンパンメーカーで、高級シャンパンで有名な『ドン ペリニヨン』や、スタンダードなシャンパンのモエ・エ・シャンドン ブリュット アンペリアルが造られています。

"ドン ペリニヨン"の名は僧侶ドン・ピエール・ペリニヨンから

『ドン ペリニヨン』は、日本をはじめ、世界中で最も有名なシャンパンの代名詞になっています。とっておきの記念日に飲みたい、プレミアムシャンパンです。

1797年に、シャンパンの生みの親、僧侶ドン・ペリニヨンが従事したオーヴィレール修道院のブドウ畑をモエ・エ・シャンドン社が購入します。その後、1936年に発表したプレスティージュ・シャンパンは「ドン ペリニヨン」と名づけられ、その名はたちまち世界中に広まっていきました。

1743年に創業された、世界的に有名なモエ・エ・シャンドン社

Dom Pérignon Vintage 1999
ドン ペリニヨン ヴィンテージ 1999

シャルドネ種とピノ・ノワール種の絶妙なブレンドで生まれた上品で奥深い香りと味わいが見事に調和されたシャンパン。パワフルで複雑な印象ですが、余韻は控えめになっています。

●コク／★★★★★ ●酸味／★★★★★ ●香り／★★★★★ ●色／白 ●味／辛口 ●容量／750ml ●アルコール度数／12.5% ●価格／16,800円 ●輸入・販売元／MHDディアジオ モエ ヘネシー(株)

ヴーヴ・クリコ・ポンサルダン社

Veuve Clicquot Ponsardin

黄色いラベルでおなじみのヴーヴ・クリコ
"マダム・クリコ"の魂が今もなお生きづく

皇帝や貴族たちに愛されたヴーヴ・クリコ

ヴーヴ・クリコ・ポンサルダン社は、世界中で親しまれるシャンパン『ヴーヴ・クリコ』のメゾンです。世界的に認知されたのは、マダム・クリコの大きな功績によるものです。

創業者の息子に嫁いだマダム・クリコは、亡き夫の遺志を継いでメゾンを率いる決心をします。マダムは、時代の流れを素早く読み取る視野の広さと行動力で、ナポレオン戦争のさなかロシア宮廷へ輸出したり、当時の皇帝や貴族などへ積極的に売り込んだり、シャンパンの品質改良などに力を入れるなど、『ヴーヴ・クリコ』の評判は世界中に広がっていきます。

シャンパンの色を透明にしたマダム・クリコ

シャンパンの色を今のように透明にしたのも、マダムクリコです。19世紀初頭までのシャンパンは、澱が混ざり、濁った色をしていました。

1816年、シャンパンの色が透明にならないかと考えたマダム・クリコは、研究を重ね、そこで澱を取り除く「ルミュアージュ」という技法を考案しました。これにより、現在の宝石のように光り輝く美しいシャンパンを、私たちは楽しむことができるのです。

濁ったシャンパンを透明にしたマダム・クリコ

Veuve Clicquot Yellow Label Brut N.V.
ヴーヴ・クリコ
イエローラベル ブリュット N.V.

黄色のラベルでおなじみのヴーヴ・クリコを象徴するシャンパン。フルーティで飲みやすく、アペリティフにピッタリです。

- ●コク／── ●酸味／── ●香り／──
- ●色／金色がかった黄色 ●味／辛口
- ●容量／750ml ●アルコール度数／12%
- ●価格／5,565円 ●輸入・販売元／ヴーヴ・クリコ ジャパン(株)

クリュッグ社

一族が代々守り続けたクリュッグ・スタイルは世界中で絶賛された、まさに"シャンパンの帝王"

こだわりの伝統的醸造法を守り続けるクリュッグ

クリュッグ社は、1843年にシャンパーニュの街、ランスで創業した老舗シャンパンメゾンです。クリュッグの味とスタイルを守るため、6代にわたり徹底した家族経営を行っています。

「最高のシャンパーニュを造るためには、あらゆる努力を惜しまない」というクリュッグ一族の哲学のもと生まれるシャンパンは、最上級のブドウの一番搾りのみを使い、30年以上使い続けられるオークの小樽で一次発酵を行うなど、創立から1世紀半以上たった今でも、伝統的な醸造方法を守り続けています。一切の妥協を許さない姿勢から造られる『クリュッグ』は「シャンパンの帝王」と称えられています。

メニル・シュール・オジェ村にあるわずか1.8ヘクタールほどの、石垣で囲まれたシャルドネ種の単一畑

世界中に広がるクリュギストたち

世界中のシャンパン・フリークの舌をうならせ続けてきた『クリュッグ』。その味の虜となった熱狂的ファンのことをクリュギストとも呼びます。

クリュギストには、デザイナーのココ・シャネルや、作家のアーネスト・ヘミングウェイ、オペラ歌手のマリア・カラスなど、各界の著名人が名を連ねます。また、イギリス王室の晩餐会で振る舞われるなど、クリュッグの魅力に取りつかれた人は世界中に広がっています。

Krug Grande Cuvée
クリュッグ グランド・キュヴェ

収穫年がそれぞれ異なる50種類以上のワインをブレンド。クリュッグ独特のオーク樽を使用し、セラーで6年間長期熟成させた、ゆったりと優雅な味わいが印象的なシャンパンです。

- コク／━━━ 酸味／━━━ 香り／━━━
- 色／白 味／辛口 容量／750ml アルコール度数／12％ 価格／18,900円
- 輸入・販売元／ヴーヴ・クリコ ジャパン（株）

ランソン社

ヨーロッパのロイヤルファミリーに愛された由緒正しい老舗のシャンパンメーカー

王室御用達が評判を呼ぶ

ランソン社は、シャンパーニュ地方の中心都市ランスの中でも、最も古いシャンパンメーカーのひとつです。1760年、ランスの行政長官であったフランソワ・ドゥラモット氏によって設立された「ドゥラモット シャンパン ハウス」がランソン社の前身です。

その後、1837年に共同経営者であったジャン・バプティスト・ランソン氏によって社名を変更し、ランソン社がスタートしました。

以後『ランソン』は、今から100年以上前のヴィクトリア女王時代に英国王室御用達となったのをはじめ、スウェーデン、スペイン王室の御用達としても親しまれ、由緒正しいブランドとして確立されました。

1760年にドゥラモット シャンパン ハウスから、1837年にランソン社と社名を変更した老舗シャンパンメーカー

常に新鮮で安定した品質が自慢

ボトルネックラベルやコルクには、『ランソン』の商標、「十字マーク」が刻まれていますが、それは創設者のジャン・バプティスト・ランソン氏が、聖マルタ騎士団に所属していたことに由来しています。

また、創業時から気品あふれるエレガントな味わいが自慢の『ランソン』は、新鮮で安定した品質のシャンパン造りを守り続けています。

Lanson Black Label Brut Non-Vintage
ランソン ブラックラベル ブリュット ノンヴィンテージ

酸味を大切に製造するランソンのスタイルを代表したスタンダード・シャンパン。力強い味わいと爽やかな口当たりが印象的です。

◎コク／★★★　酸味／★★★★　香り／★★★★　色／白　味／辛口　容量／375mℓ、750mℓ　アルコール度数／15%　価格／オープン価格　輸入・販売元／キリンビール（株）

66

Champagne ★ Maker

テタンジェ社
Taittinger

代々家族で造られる『テタンジェ』

第一次大戦後、テタンジェ社の前身のフルノー社（1734年創業）をピエール・テタンジェ氏が買い取り、1930年から『テタンジェ』の名前でシャンパンを売り出すようになりました。

以来、徹底した家族経営で最高品質を守り、現在は孫のピエール・エマニエル・テタンジェ氏へ引き継がれています。そんなテタンジェ社は、会社を経営するファミリーの名前を冠する数少ない偉大なシャンパーニュ・ハウスのひとつであり、フランス国内はもとより、海外においてもシャンパンの代表ブランドとして知られています。

シャンパンの味をエレガントにした異端児

テタンジェ社の成功は、創業者ピエール氏の鋭い観察力からくる経営哲学によるものだとされています。

ピエール氏は、人々のライフスタイルが時代の流れの変化により、自由やソフトなものを好むようになったと気づきました。そこで、シャンパンも力強いものから、軽くエレガントなものが好まれるようになると確信し、彼はすぐにシャンパンの改良に着手しはじめました。

この味の改革は、慣習や伝統にうるさいシャンパーニュ地方の中では異端的な行為でしたが、その味わいはたちまち評判となり、その後のシャンパーニュ業界に影響を与え、大きな主流となっています。

時代のニーズを読み取り、ライフスタイルを先取る
それがテタンジェが守り続ける経営スタイル

Taittinger Brut Réserve
テタンジェ・ブリュット・レゼルヴ

独創的でエレガンスな味わいのブリュット・レゼルヴ。「最も気品あるシャンパン」と評判で、辛口で口当たりがよくエレガントさを感じます。

■コク／★★★★　■酸味／★★★★★
■香り／★★★★★　■色／白　■味／辛口
■容量／750mℓ　■アルコール度数／12%
■価格／6,307円　■輸入・販売元／日本リカー（株）

ポメリー社

Pommery

味の常識を覆したマダム・ポメリーの偉業
現在のスタイルを確立したシャンパンのアーティスト芸術家

ブリュット(辛口)シャンパンを生み出したマダム・ポメリー

今でこそブリュット(辛口)は、シャンパンの主流ですが、実はこのブリュットを最初に造り出したのが、このポメリー社なのです。

1836年、ナルシノ・グレノ氏がランスにポメリー社を設立し、1856年にルイ・A・ポメリー氏の参加によって、ポメリー・エ・グレノ社となります。2年後にルイが亡くなり、マダム・ポメリーが経営を引き継ぎました。

マダム・ポメリーは、イギリスとの貿易が重要だと思い、それまで主流だった甘口シャンパンではなく、イギリス人の嗜好に合わせた辛口シャンパン「ブリュット・ナチュール」を発表します。

このブリュットの登場で、イギリスのシャンパン消費量は一気に3倍にも跳ね上がり、ポメリー社の名はイギリスを中心に、またたく間にヨーロッパをはじめ世界中に広がっていきました。

芸術のようなシャンパンを造る精神

マダム・ポメリーは「シャンパンを造ることは芸術を造ること」という言葉を残しています。この言葉に、マダムのシャンパンに対する最高の敬意が込められています。

その精神は、現在のポメリー社にも受け継がれており、本社のワイナリーは、庭園のように手入れが行き届いています。

また、ワイナリーの内部は芸術的に凝ったインテリアが多く、多くの見学者を楽しませています。

Pommery Brut Royal
ポメリー ブリュット・ロワイヤル

辛口シャンパン「ブリュット・ナチュール」が進化した、ポメリー社を代表するシャンパン。エレガントな香りにフレッシュな味わいが魅力です。

●コク／★★★★★　酸味／★★★　香り／★★★★★　色／白　味／辛口
容量／750ml　アルコール度数／12%
価格／5,468円　輸入・販売元／メルシャン(株)

ルイ・ロデレール社

Louis Roederer

ロシア皇帝も愛した最高級シャンパン『クリスタル』

約2世紀にわたってシャンパンを造り続けた家族経営の老舗メーカーのルイ・ロデレール社は、デュボア家を前身とし、1833年に事業を受け継いだルイ・ロデレールの名にちなんで、現社名へと変更しました。

当時のロシアは、シャンパン輸出の重要かつ大きな取引先でした。特にルイ・ロデレールを代表する最高級シャンパン『クリスタル』は、ロシア皇帝アレキサンドル2世専用シャンパンとして造られたものでした。19世紀のロシア革命によって、ロシアの市場を失ったものの、すぐにマーケットをアメリカに向けて大成功をし、国際的に有名なメーカーへと成長していきました。

以降トップメーカーとして君臨しますが、完璧なシャンパンを追求し続ける精神が受け継がれ、今でも最高級シャンパンを生み出しています。

こだわりの原料と製造法で造る贅沢の極み

200ヘクタールに及ぶ広大な自社畑を所有しており、ここで収穫されるブドウで全生産量の80％もまかなっています。また、ドサージュ（甘味添加）用のリキュールワインに長期熟成させたものを使うのもルイ・ロデレール社だけの特徴です。まさに「シャンパンを贅沢に造る」が、ルイ・ロデレール社のポリシーです。

それは、利益や効率を考えるのではなく、ひたすら時間と手間をかけ、高いクオリティのシャンパンを追求することをスタイルとしています。

時間をかけて丁寧に造られるルイ・ロデレールのシャンパン
その贅沢な香りと味わいに世界中が魅せられる

Louis Roederer Cristal Brut Vintage 1999
ルイ・ロデレール クリスタル・ブリュット・ヴィンテージ1999

誕生から100年以上経っても変わらない優雅で純粋さを表現した味わいは、根強いファンがたくさんいます。

● コク／★★★★★　酸味／★★★★
● 香り／★★★★★　色／白　味／辛口　容量／750ml　アルコール度数／12%　価格／23,100円　輸入・販売元／エノテカ（株）

サロン社

シャルドネ種が生み出す至高のシャンパン『サロン』
長い熟成期間を経て造られた洗練された味わい

完璧主義者が造る究極のシャンパン

創業者であるウジェーヌ・エメ・サロン氏は、毛皮商で成功した後、生まれ故郷のシャンパーニュ地方で、シャンパン製造を始めました。

彼は何ごとにも妥協を許さない完璧主義者でした。至上最高のシャンパンを造るため、当時では最上のテロノワール（シャンパン造りの環境条件）といわれた、メニル・シュール・オジェ村の一画を手に入れるなど、ブドウ品種や製造方法を研究し、現在のスタイルに築き上げたのです。

そんな氏の造った究極のシャンパンの評判は、あっという間に広がりました。1900年代初頭のパリで大人気を博し、その人気は現在にまで至っています。

1種類のシャンパンしか造らないこだわり

サロン社は、ブラン・ド・ブランといわれるシャルドネ種のキュヴェ（果実の一番搾り）のみ使用したシャンパン1種類しか造っていません。それは、創業者のシャンパンにかける精神が今でも伝わり、造り手の目が届く範囲で手間暇かけて製造していくからです。

また、サロン社のシャンパンは、熟成期間が長いことでも有名で、最低でも7〜8年半、長いもので13年以上瓶内熟成をさせています。

長い熟成期間から生まれる深い味わいは、芸術品といわれています。まさに、世界中の愛飲家を虜にする憧れのシャンパンなのです。

Salon 1996
サロン1996

ブドウの状態がよい年にしか造らず、生産量が少なく幻といわれた世界中のシャンパン愛好家垂涎の一本。96年ものは、酸味と果実味の絶妙なバランスに、豊かなボディを備えます。

- ●コク／★★★★★ ●酸味／★★★★★
- ●香り／★★★ ●色／白 ●味／辛口 ●容量／750ml ●アルコール度数／12% ●価格／36,750円 ●輸入・販売元／(株)ラック・コーポレーション

「シャンパン」カタログ

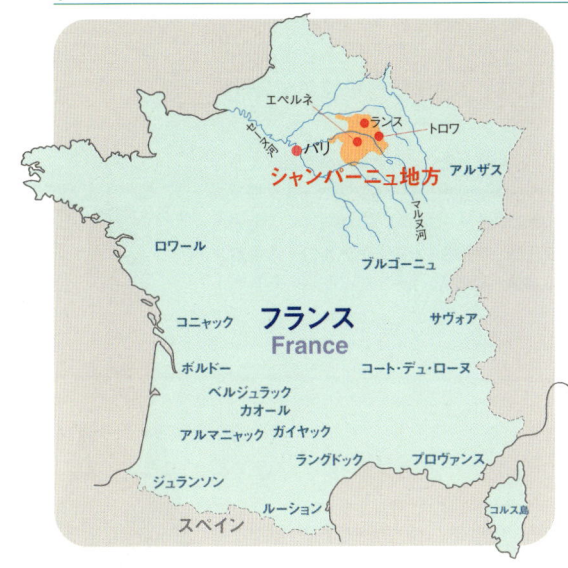

シャンパンの黄金色に輝く水色と、グラスの中で弾ける気泡が世界中のシャンパンファンを魅了してやみません。この黄金の水を一口ふくむだけで、多くの人々は幸せへと導かれるのです。ぜひとも、あなたに合ったシャンパンを探してください。それだけであなたの人生が変わるかもしれません……。

　フランス・シャンパーニュ地方の特定の地域、特定のブドウ品種、栽培法、醸造法などの生産条件を満たしたものだけが「シャンパン（シャンパーニュ）」と呼ばれています。そんなシャンパンの生産地は、マルヌ・Marne、オーブ・Aube、エーヌ・Aisne、セーヌ・エ・マルヌ・Saine et Marne、オート・マルヌ・Hauee Marne県の村々になります。中でも、マルヌ県が全体の約80％を産出しています。

　使用されるブドウ品種は、黒ブドウのピノ・ノワール種（ランス地区で主に栽培）、ピノ・ムニエ種（マルヌ地区で主に栽培）、白ブドウのシャルドネ種（コート・デ・ブラン地区で主に栽培）になります。

　ピノ・ノワール種を使用したものは、ボディの中に繊細さと香りの持続性があります。ピノ・ムニエ種は、香りが高く力強いのが特徴です。シャルドネ種は、香りが豊かで、繊細でエレガントです。このように使用するブドウ品種によってシャンパンの味も変わってくるのです。

　シャンパンメーカーの誇りともいえるラベルには、ブドウ栽培者が生産者の場合は、ラベルにRMの表示が、共同組合の場合は、CMの表示が、ネゴシアンの場合は、NMの表示が、そして、他のメーカーが買い手の要望に応じてラベルをつける場合は、MAの表示がされています。これを知ることにより、シャンパンの品質レベルが大まかですがわかります。何げなく飲んでいたシャンパンには、厳しい基準とそれを支える歴史が隠されているのです。

モエ・エ・シャンドン ブリュット アンペリアル
Moët&Chandon Brut Impérial

モエのスタイルや品質が象徴された、代表的なシャンパン。3種のブドウのハーモニーによって生み出された、濃厚でダイナミックな味わいはどんな料理にも合います。

●コク／★★★ ●酸味／★★★ ●香り／★★★ ●原産国／フランス ●生産地区／シャンパーニュ地方 ●メゾン／モエ・エ・シャンドン ●色／緑がかった薄めの黄色 ●味／コクのある芳醇なのどごし、新鮮で長続きする後味 ●容量／750㎖ ●アルコール度数／12％ ●価格／5,145円 ●輸入・販売元／MHDディアジオ モエ ヘネシー（株）

モエ・エ・シャンドン ロゼ アンペリアル
Moët&Chandon Rosé Impérial

厳選されたピノ・ノワール種のしなやかで自然体な味わいと、野イチゴのようなフルーティな香りが特徴のロゼ。キリッとした酸味とほどよいコクがさまざまな料理に合います。

●コク／★★★★ ●酸味／★★★★ ●香り／★★★★ ●原産国／フランス ●生産地区／シャンパーニュ地方 ●メゾン／モエ・エ・シャンドン ●色／銅色がかったピンク色 ●味／はっきりとした果実味 ●容量／750㎖ ●アルコール度数／12％ ●価格／6,195円 ●輸入・販売元／MHDディアジオ モエ ヘネシー（株）

ジョンメアー ブリュット NV 白
Jeanmaire Brut NV

地下30mのセラーでゆっくりと瓶内二次発酵を施し、3年間の熟成を経て出荷します。きめ細かく永続性のある泡立ち、華やかな香りとデリケートな舌ざわりのバランスが心地よく感じられます。

●コク／★★★★★ ●酸味／★★★★ ●香り／★★★★★ ●原産国／フランス ●生産地区／シャンパーニュ地方 ●メゾン／ジョンメアー ●色／淡い黄金色 ●味／辛口 ●容量／750㎖ ●アルコール度数／12％ ●価格／4,725円 ●輸入・販売元／国分（株）

France ★ Champagne

ポル・ロジェ ブリュット レゼルヴ NV
Pol Roger Brut Réserve NV

ポル・ロジェの代表商品であるブリュット レゼルヴ NV。新鮮なフローラルの香りに繊細な泡立ちが魅力の、気品と格調を兼ね備えたクラシックスタイルのシャンパンです。

●コク／★★★ ●酸味／★★★ ●香り／★★★★ ●原産国／フランス ●生産地区／シャンパーニュ地方 ●メゾン／ポル・ロジェ ●色／ゴールド ●味／辛口 ●容量／750㎖ ●アルコール度数／12% ●価格／5,775円 ●輸入・販売元／(株)JALUX

ポル・ロジェ キュヴェ・サー・ウィンストン・チャーチル 1996
Pol Roger Cuvée Sir Winston Churchill 1996

故イギリス宰相チャーチル氏に敬意を表して造られた最高級ヴィンテージ キュヴェ・シャンパン。きめこまやかな泡立ちと、熟成されたコクが印象深く、エレガントな大人の味わいに仕上がっています。

●コク／★★★★★ ●酸味／★★★★ ●香り／★★★★ ●原産国／フランス ●生産地区／シャンパーニュ地方 ●メゾン／ポル・ロジェ ●色／濃ゴールド ●味／辛口 ●容量／750㎖ ●アルコール度数／12% ●価格／18,900円 ●輸入・販売元／(株)JALUX

ビルカール・サルモン ブリュット レゼルヴ
Billecart-Salmon Brut Réserve

'06年、英国の権威あるワイン専門誌「デキャンター」で1位を獲得した話題のシャンパン。豊かな口当たりに繊細なアロマ、その後に広がる爽やかな味わいのハーモニーが印象的で、バランスに優れています。

●コク／★★★★ ●酸味／★★★★ ●香り／★★★★★ ●原産国／フランス ●生産地区／シャンパーニュ地方 ●メゾン／ビルカール・サルモン ●色／白 ●味／辛口 ●容量／750㎖ ●アルコール度数／12% ●価格／6,300円 ●輸入・販売元／三国ワイン(株)

パイパー・エドシック・ブリュット
Piper-Heidsieck Brut

221年の歴史を誇るこのシャンパンは、数々の名作映画に登場していることから「ザ・ムービー・シャンパーニュ」と呼ばれ、カンヌ国際映画祭の公式シャンパンとしても有名です。

●コク／★★★★ ●酸味／★★★ ●香り／★★★★ ●原産国／フランス ●生産地区／シャンパーニュ地方 ●メゾン／パイパー・エドシック ●色／白 ●味／辛口 ●容量／750㎖ ●アルコール度数／12% ●価格／4,607円 ●輸入・販売元／アサヒビール(株)

パイパー・エドシック・ブリュット・ロゼ・ソヴァージュ
Piper-Heidsieck Brut Rosé Sauvage

フランス語で〝野性的な〟〝既成概念にとらわれない〟という意味のソヴァージュ。その名の通り、華やかなピンクのラベルに、いきいきとした元気あるスタイルのロゼ・シャンパンです。

●コク／★★★★ ●酸味／★★★ ●香り／★★★★ ●原産国／フランス ●生産地区／シャンパーニュ地方 ●メゾン／パイパー・エドシック ●色／ロゼ ●味／辛口 ●容量／750㎖ ●アルコール度数／12% ●価格／5,507円 ●輸入・販売元／アサヒビール(株)

パイパー・エドシック・ピパリーノ
Piper-Heidsieck Piperino

人気のある〝ベビーシャンパン〟の代名詞ともいわれるピパリーノ。本格派の味わいを、瓶口にストローをさして気軽にいただくおしゃれなスタイルが人気のシャンパンです。

●コク／★★★★ ●酸味／★★★ ●香り／★★★★ ●原産国／フランス ●生産地区／シャンパーニュ地方 ●メゾン／パイパー・エドシック ●色／白 ●味／辛口 ●容量／200㎖ ●アルコール度数／12% ●価格／1,302円 ●輸入・販売元／アサヒビール(株)

France ★ Champagne

ドン ペリニヨン ヴィンテージ 1999
Dom Pérignon Vintage 1999

シャンパンの父、ドン・ペリニヨンの名を冠したシャンパンの王。グラスに口をつけるたび、穏やかに波打つようなアロマが感動的で、自然の生命力が凝縮されたような力強い味わいが特徴です。

●コク／★★★★★ ●酸味／★★★★★ ●香り／★★★★★ ●原産国／フランス ●生産地区／シャンパーニュ地方 ●メゾン／モエ・エ・シャンドン ●色／白 ●味／辛口 ●容量／750㎖ ●アルコール度数／12.5% ●価格／16,800円 ●輸入・販売元／MHDディアジオ モエ ヘネシー(株)

ドン ペリニヨン ロゼ ヴィンテージ 1996
Dom Pérignon Rosé Vintage 1996

高級ロゼ・シャンパンとして人気が高いドン ペリニヨン ロゼ。熟した野イチゴなどや、麦芽の香りが溶け合い、スモーキーさがアクセントとして効いているのが特徴です。

●コク／★★★★★ ●酸味／★★★★★ ●香り／★★★★★ ●原産国／フランス ●生産地区／シャンパーニュ地方 ●メゾン／モエ・エ・シャンドン ●色／ロゼ ●味／辛口 ●容量／750㎖ ●アルコール度数／12.5% ●価格／44,100円 ●輸入・販売元／MHDディアジオ モエ ヘネシー(株)

シャンパン・ドゥ ヴノージュ ブリュット・セレクト コルドン・ブルー
Champagne de Venoge Brut Select Cordon Bleu

昔からの少量・高品質な造り方を守り続ける老舗シャンパンメーカー。3年間熟成させ、フレッシュで爽やかな中にも深いコクが感じられるバランスのとれた味わいです。

●コク／★★★★★ ●酸味／★★★ ●香り／★★★★★ ●原産国／フランス ●生産地区／シャンパーニュ地方(エペルネ) ●メゾン／ドゥ・ヴノージュ ●色／白 ●味／辛口 ●容量／375㎖、750㎖ ●アルコール度数／12% ●価格／2,835円、5,250円 ●輸入・販売元／富士貿易(株)

ヴーヴ・クリコ イエローラベル ブリュットN.V.
Veuve Clicquot Yellow Label Brut N.V.

ピノ・ノワール種をベースにピノ・ムニエ種、シャルドネ種を加えることによって、力強いボディと爽やかな口当たりを表現。辛口ながら、驚くほどフルーティで飲みやすいシャンパンです。

●コク／──　●酸味／──　●香り／──　●原産国／フランス　●生産地区／シャンパーニュ地方　●メゾン／ヴーヴ・クリコ・ポンサルダン　●色／金色がかった黄色　●味／辛口　●容量／750ml　●アルコール度数／12%　●価格／5,565円　●輸入・販売元／ヴーヴ・クリコ ジャパン（株）

ヴーヴ・クリコ ローズラベル
Veuve Clicquot Rosé Label

フレッシュな赤い果実のアロマと、フルーティで調和のとれた味わいが魅力的なローズラベル。グラスを彩るサーモンピンク色がロマンチックな気分にさせてくれます。

●コク／──　●酸味／──　●香り／──　●原産国／フランス　●生産地区／シャンパーニュ地方　●メゾン／ヴーヴ・クリコ・ポンサルダン　●色／サーモンピンク　●味／辛口　●容量／750ml　●アルコール度数／12%　●価格／6,720円　●輸入・販売元／ヴーヴ・クリコ ジャパン（株）

ヴーヴ・クリコ ヴィンテージ
Veuve Clicquot Vintage

ピノ・ノワール種を全体の約3分の2使用することで、しっかりとしたボディを表現。残りの約3分の1のシャルドネ種のきめの細かい優雅さが引き出され、風味のバランスは絶妙です。

●コク／──　●酸味／──　●香り／──　●原産国／フランス　●生産地区／シャンパーニュ地方　●メゾン／ヴーヴ・クリコ・ポンサルダン　●色／明るいゴールデン・イエロー　●味／辛口　●容量／750ml　●アルコール度数／12%　●価格／7,875円　●輸入・販売元／ヴーヴ・クリコ ジャパン（株）

France ★ Champagne

クリュッグ グランド・キュヴェ
Krug Grande Cuvée

創業以来変わらぬ味とスタイルが守られるクリュッグの代表的シャンパン。きめこまやかな泡に、豊かで力強くありながら優雅ですがすがしい味わいは、どんなスタイルにも合います。

●コク／── ●酸味／── ●香り／── ●原産国／フランス ●生産地区／シャンパーニュ地方 ●メゾン／シャンパーニュ クリュッグ ●色／白 ●味／辛口 ●容量／750ml ●アルコール度数／12% ●価格／18,900円 ●輸入・販売元／ヴーヴ・クリコ ジャパン（株）

クリュッグ ロゼ
Krug Rosé

最初の一口目はイチゴや花の香りが口の中で広がり、二口目からフルーティかつスパイシーな香り、辛口の中に繊細でなめらかな味わいを楽しむことができます。

●コク／── ●酸味／── ●香り／── ●原産国／フランス ●生産地区／シャンパーニュ地方 ●メゾン／シャンパーニュ クリュッグ ●色／ロゼ ●味／辛口 ●容量／750ml ●アルコール度数／12% ●価格／42,000円 ●輸入・販売元／ヴーヴ・クリコ ジャパン（株）

ボランジェ・グランダネ 1997
Bollinger Grende Année 1997

ブドウの当たり年にしか製造せず、ヴィンテージごとに特徴やスタイルもさまざまです。最低でも5年間熟成させるので味に深みが増し、リッチで複雑な凝縮感あるアロマが楽しめます。

●コク／★★★★★ ●酸味／★★ ●香り／★★★★ ●原産国／フランス ●生産地区／シャンパーニュ地方 ●メゾン／ボランジェ ●色／白 ●味／辛口 ●容量／750ml ●アルコール度数／12% ●価格／15,750円 ●輸入元／（株）アルカン ●販売元／JFLA酒類販売（株）

カナール・デュシェーヌ＜グランド・キュヴェ ブランド・ノワール＞
Canard-Duchêne Grande Cuvée Blanc de Noirs

ピノ・ノワール種、ピノ・ムニエ種のみから造られるキュヴェブランド・ノワール。繊細さと力強さをあわせ持つバランスのよい味わいは、軽めの肉料理やリッチな魚料理との相性が抜群です。

●コク／── ●酸味／── ●香り／── ●原産国／フランス ●生産地区／シャンパーニュ地方（モンターニュ・ド・ランス地区） ●メゾン／ヴィクトル・カナール＆レオニー・デュシェーヌ ●色／輝きあるゴールデンイエロー ●味／長く続くしっかりとした余韻 ●容量／750ml ●アルコール度数／13％未満 ●価格／10,500円 ●輸入・販売元／アニヴェルセル表参道シャンパンブティック

クリスチャン・セネ・ブリュット
Cristian Senez Brut

仕上げの時の〝泡の粒のこまかさ〟と色合いにこだわった、キレのあるすっきりとした辛口。気品あふれる高い香りに愛飲家も多いです。

●コク／★★★ ●酸味／★★★ ●香り／★★★ ●原産国／フランス ●生産地区／シャンパーニュ地方（コート・デ・バール） ●メゾン／クリスチャン・セネ ●色／白 ●味／辛口 ●容量／750ml ●アルコール度数／12％ ●価格／5,040円 ●輸入・販売元／オエノングループ 山信商事（株）

クリスチャン・セネ・ブリュット・ロゼ
Cristian Senez Brut Rosé

鮮やかな色合いの華やかな見た目に、美しい泡立ち、ほのかなイチゴの香りからは想像できないほど、シャープな風味の辛口のロゼ。

●コク／★★★★ ●酸味／★★★ ●香り／★★★ ●原産国／フランス ●生産地区／シャンパーニュ地方（コート・デ・バール） ●メゾン／クリスチャン・セネ ●色／ロゼ ●味／辛口 ●容量／750ml ●アルコール度数／12％ ●価格／5,775円 ●輸入・販売元／オエノングループ 山信商事（株）

France ★ Champagne

ランソン ブラックラベル ブリュット ノンヴィンテージ
Lanson Black Label Brut Non-Vintage

光沢ある琥珀がかった麦わら色が美しいブラックラベル。トースト香と満開の花々の蜜のような香り、熟した果実、柑橘系のコクが最高の味わいと軽やかさをもたらしています。

●コク／★★★ ●酸味／★★★★ ●香り／★★★★ ●原産国／フランス ●生産地区／シャンパーニュ地方 ●メゾン／ランソン ●色／白 ●味／辛口 ●容量／375㎖、750㎖ ●アルコール度数／15% ●価格／オープン価格 ●輸入・販売元／キリンビール（株）

ランソン ロゼラベル ブリュット ロゼ ノンヴィンテージ
Lanson Rosé Label Brut Rosé Non-Vintage

淡いサーモンピンクはランソン独特の色合い。バラやフルーツのアロマや赤い果実の香り、まろやかさとフレッシュさが調和した味わいの、バランスのよいシャンパンです。

●コク／★★★ ●酸味／★★★★ ●香り／★★★★ ●原産国／フランス ●生産地区／シャンパーニュ地方 ●メゾン／ランソン ●色／ロゼ ●味／辛口 ●容量／750㎖ ●アルコール度数／12.5% ●価格／オープン価格 ●輸入・販売元／キリンビール（株）

ランソン ノーブルキュベ ブリュット ヴィンテージ1995
Lanson Noble Cuvée Brut Vintage 1995

アカシアの花のアロマ、イチジクやアプリコットの香り、シロップ漬けのような果実味が、芳醇な味わいとシルクのようになめらかな余韻をもたらしてくれます。

●コク／★★★★ ●酸味／★★★ ●香り／★★★★ ●原産国／フランス ●生産地区／シャンパーニュ地方 ●メゾン／ランソン ●色／白 ●味／辛口 ●容量／750㎖ ●アルコール度数／15% ●価格／オープン価格 ●輸入・販売元／キリンビール（株）

ルイ・ロデレール ブリュット・プルミエ
Louis Roederer Brut Premier

オーク樽で2～6年間熟成したこだわりのリザーヴワインをブレンドしたブリュット・プルミエは、持続性が強く繊細な泡立ちと、複雑で豊か、まろやかなコクのある味わいが自慢です。

●コク／★★★★ ●酸味／★★★ ●香り／★★★★ ●原産国／フランス ●生産地区／シャンパーニュ地方 ●メゾン／ルイ・ロデレール ●色／白 ●味／辛口 ●容量／750㎖ ●アルコール度数／12% ●価格／5,985円 ●輸入・販売元／エノテカ(株)

ルイ・ロデレール クリスタル・ブリュット・ヴィンテージ1999
Louis Roederer Cristal Brut Vintage 1999

ピノ・ノワール種55%、シャルドネ種45%のブドウ配分は、上品で深いコクのある味わいを引き出します。ワインの品質がよい時にしか造られない完全ヴィンテージシャンパンです。

●コク／★★★★★ ●酸味／★★★★ ●香り／★★★★★ ●原産国／フランス ●生産地区／シャンパーニュ地方 ●メゾン／ルイ・ロデレール ●色／白 ●味／辛口 ●容量／750㎖ ●アルコール度数／12% ●価格／23,100円 ●輸入・販売元／エノテカ(株)

ルイ・ロデレール クリスタル・ロゼ・ヴィンテージ1999
Louis Roederer Cristal Rosé Vintage 1999

6～7年もの間熟成させて造られるクリスタル・ロゼは、クリーミィできめこまやかな泡立ちに、イチジクやフランボワーズの香りが最後まで続く、表現力豊かなシャンパンです。

●コク／★★★★★ ●酸味／★★★★ ●香り／★★★★★ ●原産国／フランス ●生産地区／シャンパーニュ地方 ●メゾン／ルイ・ロデレール ●色／ロゼ ●味／辛口 ●容量／750㎖ ●アルコール度数／12% ●価格／57,750円 ●輸入・販売元／エノテカ(株)

France ★ Champagne

マム コルドン ルージュ ブリュット
Mumm Cordon Rouge Brut

F1の表彰式に使われる公式シャンパンとしても有名なマム。各ブドウ品種それぞれの特徴が生かされた絶妙なバランスが、いきいきとした辛口を生み出します。

●コク／★★★　●酸味／★★★★★　●香り／★★★　●原産国／フランス　●生産地区／シャンパーニュ地方　●メゾン／G.H.マム　●色／白　●味／辛口　●容量／750㎖　●アルコール度数／12%　●価格／オープン価格　●輸入・販売元／サントリー（株）

マム ブリュット ロゼ
Mumm Brut Rosé

マム社創業当時から、多くの女性に愛されたチャーミングな印象のロゼ。ブズィー村産のピノ・ノワール種を使った豊かなボディとやさしい口当たりが美味しいシャンパンです。

●コク／★★★　●酸味／★★★★★　●香り／★★★　●原産国／フランス　●生産地区／シャンパーニュ地方　●メゾン／G.H.マム　●色／ロゼ　●味／辛口　●容量／750㎖　●アルコール度数／12%　●価格／オープン価格　●輸入・販売元／サントリー（株）

ペリエ ジュエ キュベ ベル エポック ロゼ 1999
Perrier-Jouët Cuvée Belle Epoque Rosé 1999

瓶に描かれた白いアネモネは、仏の芸術家エミール・ガレがデザインしたもの。サーモンピンクがグラスに映え、華やかな印象のロゼは、世界中の羨望を集めています。

●コク／★★★　●酸味／★★★★★　●香り／★★★★　●原産国／フランス　●生産地区／シャンパーニュ地方　●メゾン／ペリエ・ジュエ　●色／ロゼ　●味／辛口　●容量／750㎖　●アルコール度数／12.5%　●価格／オープン価格　●輸入・販売元／サントリー（株）

ゴッセ・グラン・レゼルヴ・ブリュット
Gosset Grande Réserve Brut

ゴッセのスタイルを表現したグラン・レゼルヴ。ワインをブレンドする際、リザーヴワインを12%加えることで均一な品質と、フルーティさとしなやかさのバランスが維持されています。

●コク／★★★★★ ●酸味／★★★★★ ●香り／★★★★★ ●原産国／フランス ●生産地区／シャンパーニュ地方（アイ）●メゾン／ゴッセ ●色／白 ●味／辛口 ●容量／750ml ●アルコール度数／12% ●価格／7,154円(2007年1月から7,875円) ●輸入・販売元／サッポロビール(株)

ゴッセ・ブリュット・エクセレンス
Gosset Brut Excellence

伝統的製法にこだわるゴッセのシャンパンは、しっかりした酸味とまろやかでフルーティな古いスタイルと、しまりのある爽やかな現代的な味わいの両方を兼ね備えたシャンパンです。

●コク／★★★★★ ●酸味／★★★★ ●香り／★★★★★ ●原産国／フランス ●生産地区／シャンパーニュ地方（アイ）●メゾン／ゴッセ ●色／白 ●味／辛口 ●容量／750ml ●アルコール度数／12% ●価格／5,115円(2007年1月から5,775円) ●輸入・販売元／サッポロビール(株)

シャルル・ラフィット・ブリュット・キュベ・スペシャル
Charles Lafitte Brut Cuvée Speciale

19世紀後半にオランダ王室御用達だったジョルジュ・グレ社から引き継がれた由緒あるシャンパン。豊かな果実香に繊細で新鮮な口当たり、ほのかなキャラメル香を伴った長い余韻にひたれます。

●コク／★★★★ ●酸味／★★★★ ●香り／★★★★★ ●原産国／フランス ●生産地区／シャンパーニュ地方（トゥールシュールマルヌ）●メゾン／シャルル・ラフィット ●色／白 ●味／辛口 ●容量／750ml ●アルコール度数／12% ●価格／5,093円 ●輸入・販売元／サッポロビール(株)

France ★ Champagne

サロン 1996
Salon 1996

ブドウの出来が最良な時にしか造られない幻のシャンパン。繊細な泡立ちと、シャルドネ特有のふくよかな酸味と果実味のハーモニーが素晴らしいブラン・ド・ブランです。

●コク／★★★★★ ●酸味／★★★★★ ●香り／★★★ ●原産国／フランス ●生産地区／シャンパーニュ地方 ●メゾン／サロン ●色／白 ●味／辛口 ●容量／750㎖ ●アルコール度数／12% ●価格／36,750円 ●輸入・販売元／(株)ラック・コーポレーション

ドゥラモット・ブリュット
Delamotte Brut

サロン社と経営が同じということもあり、シャルドネを生かしたシャンパン造りをします。ブリュットはそのスタイルを象徴した清涼感ある味わいに仕上がっています。

●コク／★★★ ●酸味／★★★ ●香り／★★★ ●原産国／フランス ●生産地区／シャンパーニュ地方 ●メゾン／ドゥラモット ●色／白 ●味／辛口 ●容量／750㎖ ●アルコール度数／12% ●価格／5,250円 ●輸入・販売元／(株)ラック・コーポレーション

ドゥラモット・ブリュット・ロゼ
Delamotte Brut Rosé

ピノ・ノワール種を80%、シャルドネ種を20%の比率でブレンド。コクのある味わいと赤い実の香りの中にもしっかりとした飲みごたえがあり、満足できるシャンパンです。

●コク／★★★★ ●酸味／★★★ ●香り／★★★★ ●原産国／フランス ●生産地区／シャンパーニュ地方 ●メゾン／ドゥラモット ●色／ロゼ ●味／辛口 ●容量／750㎖ ●アルコール度数／12% ●価格／8,400円 ●輸入・販売元／(株)ラック・コーポレーション

ドゥラモット・ブリュット・ブラン・ド・ブラン
Delamotte Brut Blanc de Blancs

シャルドネ種にこだわるドゥラモット社のブラン・ド・ブランは、コート・デ・ブラン産シャルドネならではのデリケートでみずみずしさが生きた味わいが魅力です。

●コク／★★★ ●酸味／★★★ ●香り／★★★ ●原産国／フランス ●生産地区／シャンパーニュ地方 ●メゾン／ドゥラモット ●色／白 ●味／辛口 ●容量／750㎖ ●アルコール度数／12% ●価格／6,300円 ●輸入・販売元／(株)ラック・コーポレーション

ドゥラモット・ブリュット・ブラン・ド・ブラン 1999
Delamotte Brut Blanc de Blancs 1999

ブラン・ド・ブランの中でも、最上級のシャルドネ種のみ使用したヴィンテージシャンパン。シャープな酸味と豊かな果実味にミネラル感が調和され、ボリュームある味わいです。

●コク／★★★★ ●酸味／★★★★ ●香り／★★★★ ●原産国／フランス ●生産地区／シャンパーニュ地方 ●メゾン／ドゥラモット ●色／白 ●味／辛口 ●容量／750㎖ ●アルコール度数／12% ●価格／8,400円 ●輸入・販売元／(株)ラック・コーポレーション

ムタール・ブリュット・グランド・キュヴェ
Moutard Brut Grande Cuvée

小さいメーカーながらもクオリティが高く、パリの三ツ星レストランも注目。3年間の熟成を経た味わいはミネラル分とキレがあり、複雑なアロマにあふれる完成度の高いシャンパンです。

●コク／★★★ ●酸味／★★★ ●香り／★★★ ●原産国／フランス ●生産地区／シャンパーニュ地方 ●メゾン／ムタール ●色／白 ●味／辛口 ●容量／750㎖ ●アルコール度数／12% ●価格／3,360円 ●輸入・販売元／エノテカ(株)

France ★ Champagne

アルフレッド グラシアン キュヴェ・ブリュット・クラシック NV
Alfred Gratien Cuvée Brut Classique NV

ノン・ヴィンテージシャンパンですが、、単一年に収穫されたブドウのみを使用し、オーク樽で一次発酵するなど全工ほどを手作業で行う、昔ながらの製法にこだわったメーカーです。

●コク／★★★ ●酸味／★★★ ●香り／★★★ ●原産国／フランス ●生産地区／シャンパーニュ地方 ●メゾン／アルフレッド グラシアン ●色／白 ●味／辛口 ●容量／750㎖ ●アルコール度数／11.97％ ●価格／7,980円 ●輸入・販売元／(株)ヴィントナーズ

アンドレ クルエ グランド・レゼルヴ・ブリュット NV
Andre Clouet Grande Réserve Brut NV

シャンパンの本質と向き合い、古典的製法にこだわったオーガニックシャンパンで、最高級の黒ブドウのピノ・ノワール種を100％使った芳醇でエレガントな味わいが印象的です。

●コク／★★★ ●酸味／★★★★ ●香り／★★★ ●原産国／フランス ●生産地区／シャンパーニュ地方 ●メゾン／アンドレ クルエ ●色／白 ●味／辛口 ●容量／750㎖ ●アルコール度数／12.65％ ●価格／7,350円 ●輸入・販売元／(株)ヴィントナーズ

アンドレ クルエ アン・ジュール・ド・ミルヌフサンオンズ
Andre Clouet Un Jours 1911 NV

20世紀最高の当たり年といわれる1911年を記念して造られ、生産本数も毎年1911本しか造られないプレミア・シャンパンです。最高級のピノ・ノワール種を100％使用しています。

●コク／★★★★ ●酸味／★★★★ ●香り／★★★★★ ●原産国／フランス ●生産地区／シャンパーニュ地方 ●メゾン／アンドレ クルエ ●色／白 ●味／辛口 ●容量／750㎖ ●アルコール度数／12.19％ ●価格／14,700円 ●輸入・販売元／(株)ヴィントナーズ

ルイナール ブランドブラン
Ruinart Blanc de Blancs

淡い黄金色がグラスに映えるルイナールのブラン・ド・ブランは、シャルドネ種100％のすっきりとした味わいが特徴。エレガントでバランスのとれたシャンパンです。

●コク／★★★ ●酸味／★★ ●香り／★★★★★ ●原産国／フランス ●生産地区／シャンパーニュ地方（ランス） ●メゾン／ルイナール ●色／薄い黄金色 ●味／シャルドネ種特有のなめらかでバランスのとれた味わい ●容量／750㎖ ●アルコール度数／14％未満 ●価格／8,400円 ●輸入・販売元／ルイナール ジャパン（株）

ドン ルイナール ロゼ
Dom Ruinart Rosé

世界最古のシャンパンハウスであるルイナールの最高傑作。すべてがヴィンテージシャンパンで、シャルドネ種の爽やかさと少量のピノ・ノワール種による複雑な味わいのバランスが絶妙です。

●コク／★★★ ●酸味／★★ ●香り／★★★★★ ●原産国／フランス ●生産地区／シャンパーニュ地方（ランス） ●メゾン／ルイナール ●色／オレンジがかった赤銅色 ●味／スパイシーな香りとトースト香にキャラメル、さくらんぼの熟した果実味が複雑に混ざりあう ●容量／750㎖ ●アルコール度数／14％未満 ●価格／47,250円 ●輸入・販売元／ルイナール ジャパン（株）

レネ・ブレッセ ブリュット
René Brisset Brut

豊かな黄金色のレネ・ブレッセは、リンゴ、イーストのようなブーケに、ほのかなトースト香が感じられます。フルーティな口当たりがやさしく、楽しみやすいシャンパンです。

●コク／★★★★ ●酸味／★★★★ ●香り／★★★★ ●原産国／フランス ●生産地区／シャンパーニュ地方 ●メゾン／シャルル・ドゥ・カサノヴ ●色／白 ●味／辛口 ●容量／750㎖ ●アルコール度数／12％ ●価格／4,935円 ●輸入・販売元／ピーロート・ジャパン（株）

France ★ Champagne

ポメリー ブリュット・ロワイヤル
Pommery Brut Royal

ブリュット（辛口）の元祖であり、ポメリーの代表的なシャンパン。水色がエレガントな薄い黄金色で、慎み深い香り、繊細な味わいを長く余韻にひたれます。

●コク／★★★★★ ●酸味／★★★ ●香り／★★★★★ ●原産国／フランス ●生産地区／シャンパーニュ地方 ●メゾン／ポメリー ●色／白 ●味／辛口 ●容量／750㎖ ●アルコール度数／12% ●価格／5,468円 ●輸入・販売元／メルシャン(株)

ポップ
Pop.

ストローを瓶にさして直接飲むという斬新かつスタイリッシュで人気なポップ。極辛口の味わいがフルーティさを際立たせるので、非常に飲みやすいシャンパンです。

●コク／★★★★ ●酸味／★★★ ●香り／★★★★ ●原産国／フランス ●生産地区／シャンパーニュ地方 ●メゾン／ポメリー ●色／白 ●味／辛口 ●容量／200㎖ ●アルコール度数／12% ●価格／1,788円 ●輸入・販売元／メルシャン(株)

シャンパーニュ ボーモン・デ・クレイエール グラン・プレスティージュ ブリュット
Champagne Beaumont des Crayères Grand Prestige Brut

上品な味わいが口の中で広がり、やわらかでフレッシュな感覚の後味が舌も魅了する洗練された大人のシャンパン。やや濃い黄色の中できめこまやかな泡が力強く躍ります。

●コク／★★★★★ ●酸味／★★★★ ●香り／★★★★ ●原産国／フランス ●生産地区／シャンパーニュ地方 ●メゾン／シャンパーニュ・ボーモン・デ・クレイエール ●色／白 ●味／辛口 ●容量／750㎖ ●アルコール度数／12.12% ●価格／5,040円 ●輸入・販売元／(株)モトックス

ドゥモアゼル・テート・ドゥ・キュヴェ・ブリュット
Demoiselle Tete de Cuvée Brut

19世紀の装飾美術〝アール・ヌーヴォー〟を感じる美しいボトルのシャンパン。爽やかな柑橘系のアロマとやさしい風味で、心地よい余韻にひたることができます。

- コク／★★★ ●酸味／★★ ●香り／★★★★ ●原産国／フランス ●生産地区／シャンパーニュ地方 ●メゾン／ブランケン・ポメリー・モノポール ●色／白 ●味／辛口 ●容量／750ml ●アルコール度数／12% ●価格／5,782円 ●輸入・販売元／(株)明治屋

テタンジェ・ブリュット・レゼルヴ
Taittinger Brut Réserve

口の中で広がるエレガントな味わいの中にコクのある香りと、軽快な口当たりが魅力のシャンパン。その美しいスタイルに「最も気品のあるシャンパン」といわれています。

- コク／★★★★ ●酸味／★★★★★ ●香り／★★★★★ ●原産国／フランス ●生産地区／シャンパーニュ地方 ●メゾン／テタンジェ ●色／白 ●味／辛口 ●容量／750ml ●アルコール度数／12% ●価格／6,307円 ●輸入・販売元／日本リカー(株)

テタンジェ・キュヴェ・プレスティージュ・ロゼ
Taittinger Cuvée Prestige Rosé

サクランボなど赤い果実の芳醇な香りに、いきいきとしたなめらかな口当たり。やさしいサーモンピンクに浮かぶきめこまやかな泡が魅力で、見た目も口の中も余韻にひたりたいシャンパンです。

- コク／★★★★ ●酸味／★★★★★ ●香り／★★★★★ ●原産国／フランス ●生産地区／シャンパーニュ地方 ●メゾン／テタンジェ ●色／ロゼ ●味／辛口 ●容量／750ml ●アルコール度数／12% ●価格／8,197円 ●輸入・販売元／日本リカー(株)

France ★ Champagne

ディアボロ・ヴァロワ ブラン ド ブラン
Diebolt-Vallois Blanc de Blancs

クラマンの畑の特徴を見事に表現した繊細なミネラル感、柑橘系、バター、ブリオッシュの香りに、ふくよかで複雑みがある味わいがあり、新鮮で上品な余韻が長く続きます。

●コク／★★★★ ●酸味／★★★★★ ●香り／★★★★ ●原産国／フランス ●生産地区／シャンパーニュ地方（コート・デ・ブラン地区クラマン） ●メゾン／S.A.R.L.Diebolt-Vallois ●色／白 ●味／辛口 ●容量／750ml ●アルコール度数／13% ●価格／5,775円 ●輸入・販売元／トーメンフーズ（株）

アグラパール ブラン ド ブラン レ セット クリュ
Agrapart Blanc de Blancs Les 7 Cru

畑の本質を追求して造られたこのシャンパンは、収穫されるシャルドネ種の優雅で繊細な特徴の上に、ナチュラルで風味豊かな味わいが感じられ、新しい魅力を引き出しています。

●コク／★★★★ ●酸味／★★★★ ●香り／★★★★ ●原産国／フランス ●生産地区／シャンパーニュ地方（コート・デ・ブラン地区Avize） ●メゾン／Agrapart&Fils ●色／白 ●味／辛口 ●容量／750ml ●アルコール度数／13% ●価格／6,300円 ●輸入・販売元／トーメンフーズ（株）

ゴセ・ブラバン キュヴェ ド レゼルヴ グラン クリュ
Gosset-Brabant Cuvée de Réserve Grand Cru

洋梨、アーモンドなどの香りから、次第にスパイシーで複雑な香りへと続きます。口に含めば豊かな果実味の重量感とともに広がり、繊細で上品なプロポーションを保っています。

●コク／★★★★★ ●酸味／★★★★ ●香り／★★★★★ ●原産国／フランス ●生産地区／シャンパーニュ地方（アイ） ●メゾン／Gosset-Brabant ●色／白 ●味／辛口 ●容量／750ml ●アルコール度数／13% ●価格／6,825円 ●輸入・販売元／トーメンフーズ（株）

ミシェル マイヤール ブリュット プルミエ クリュ
M.Maillart Brut 1er Cru

シャルドネ種の割合を多くすることで、エレガントな味わいをもたらし、ピノ・ノワール種が重圧感と果実味が光り輝く洗練さを与えています。プルミエ・クリュとして最高の品質です。

●コク／★★★ ●酸味／★★★★ ●香り／★★★ ●原産国／フランス ●生産地区／シャンパーニュ地方（Ecueil） ●メゾン／M.Maillart ●色／白 ●味／辛口 ●容量／750㎖ ●アルコール度数／13% ●価格／5,250円 ●輸入・販売元／トーメンフーズ（株）

フィリポナ ロワイヤル・レゼルヴ・ブリュット NV
Philipponnat Royale Réserve Brut NV

25もの畑から厳選されたブドウをブレンドし、ふくよかでしっかりした味わいが印象的。初めてフィリポナを飲む人は、このシャンパンを飲めばスタイルと品質が理解できるのでおすすめです。

●コク／★★★★ ●酸味／★★★★ ●香り／★★★★ ●原産国／フランス ●生産地区／シャンパーニュ地方 ●メゾン／フィリポナ ●色／白 ●味／辛口 ●容量／750㎖ ●アルコール度数／12% ●価格／6,300円 ●輸入・販売元／全日空商事（株）

フィリポナ クロ・デ・ゴワセ・ブリュット 1991
Philipponnat Clos des Gotsses Brut 1991

フルーティな中にコーヒーのような香ばしさがあり、奥深いコクが重々しい存在感を表現。年間生産量も1万5000〜2万本と少なく、シャンパンの中の〝ロマネ・コンティ″といわれるほど高い評価の希少品です。

●コク／★★★★★ ●酸味／★★★★ ●香り／★★★★★ ●原産国／フランス ●生産地区／シャンパーニュ地方 ●メゾン／フィリポナ ●色／白 ●味／辛口 ●容量／750㎖ ●アルコール度数／13% ●価格／24,150円 ●輸入・販売元／全日空商事（株）

France ★ Champagne

エール・エル・ルグラ ブリュット
R&L Legras Brut

一次発酵を入念に行うので、完成度の高いシャルドネ種100％のブラン・ド・ブランが造られます。その味は多くの三ツ星レストランで採用され、お客様の舌をうならせています。

●コク／★★★ ●酸味／★★★ ●香り／★★★★★ ●原産国／フランス ●生産地区／シャンパーニュ地方（シュイイ） ●メゾン／ドメーヌ・ルグラ ●色／白 ●味／辛口 ●容量／750㎖ ●アルコール度数／12％ ●価格／5,670円 ●輸入・販売元／ヴィーヴァン倶楽部（株）

ローランペリエ ブリュット エルピー
Laurent-Perrier Brut L—P

エルピーは、ローランペリエの新鮮さ、エレガントさの調和がとれたスタイルを表わした代表格のシャンパンです。アペリティフや食事のおともなど、さまざまなシーンで楽しめます。

●コク／★★★ ●酸味／★★★★ ●香り／★★★ ●原産国／フランス ●生産地区／シャンパーニュ地方（トゥール・シュル・マルヌ）●メゾン／ローランペリエ ●色／白 ●味／辛口 ●容量／750㎖ ●アルコール度数／12％ ●価格／6,300円 ●輸入・販売元／ジェロボーム（株）

ローランペリエ キュヴェ ロゼ ブリュット
Laurent-Perrier Cuvée Rosé Brut

ブドウの果皮を漬け込むセニエ法によって抽出される鮮やかなピンク色に、野イチゴやブラックベリーなどの香りがあふれ、力強さと爽やかさが調和しているシャンパンです。

●コク／★★★★ ●酸味／★★★★ ●香り／★★★★ ●原産国／フランス ●生産地区／シャンパーニュ地方（トゥール・シュル・マルヌ）●メゾン／ローランペリエ ●色／ロゼ ●味／辛口 ●容量／750㎖ ●アルコール度数／12％ ●価格／8,925円 ●輸入・販売元／ジェロボーム（株）

アヤラ ブリュット・メジャー
Ayala Brut Majeur

２年半以上熟成させたピノ・ノワール特有の力強さと、シャルドネのエレガントな味わいのバランスがとれており、花やフルーツを想わせるアロマが心地よい気分にさせてくれます。

●コク／★★★★ ●酸味／★★★ ●香り／★★★ ●原産国／フランス ●生産地区／シャンパーニュ地方（コート・デ・ブラン地区）●メゾン／アヤラ ●色／白 ●味／辛口 ●容量／750㎖ ●アルコール度数／12% ●参考商品

アヤラ ブリュット ゼロ
Ayala Brut Zero

ドサージュ（甘味添加）を一切せず、ブドウ本来の自然のうまみを楽しむことができるブリュット ゼロ。口に含むと、キリッとした辛口に、洗練された深い味わいを感じます。

●コク／★★★★ ●酸味／★★★ ●香り／★★★★ ●原産国／フランス ●生産地区／シャンパーニュ地方（コート・デ・ブラン地区）●メゾン／アヤラ ●色／白 ●味／辛口 ●容量／750㎖ ●アルコール度数／12% ●参考商品

アヤラ ロゼ ブリュット
Ayala Rosé Brut

シャンパーニュ産赤ワインの出来が最良の時にしか造られないアヤラ社のロゼ。バラのようなエレガントな色合いが鮮やかで、辛口ながらすっきり爽やかな口当たりのシャンパンです。

●コク／★★★★ ●酸味／★★★ ●香り／★★★ ●原産国／フランス ●生産地区／シャンパーニュ地方（アイ）●メゾン／アヤラ ●色／ロゼ ●味／中辛口 ●容量／750㎖ ●アルコール度数／12% ●参考商品

France ★ Champagne

ペール・ド・アヤラ
Perle d' Ayala

「アヤラの真珠（Perle）」という意味のこのシャンパンは、きめこまやかな泡立ちが美しく、洗練された繊細な香りと深みのある豊かで複雑な味わいに仕上がっています。

●コク／★★★★ ●酸味／★★★ ●香り／★★★★ ●原産国／フランス ●生産地区／シャンパーニュ地方（アイ） ●メゾン／アヤラ ●色／白 ●味／辛口 ●容量／750ml ●アルコール度数／12% ●参考商品

アヤラ ブラン・ド・ブラン ブリュット
Ayala Blanc de Blancs Brut

4年以上熟成させたこのヴィンテージシャンパンは、気品あふれるシャルドネの香りに、芳醇でまろやかな味わいが口いっぱいに広がり、エレガントな気分にひたれます。

●コク／★★★ ●酸味／★★★ ●香り／★★★ ●原産国／フランス ●生産地区／シャンパーニュ地方（コート・デ・ブラン地区） ●メゾン／アヤラ ●色／白 ●味／辛口 ●容量／750ml ●アルコール度数／12% ●参考商品

ドゥヴォー ブラン・ド・ノワール
Devaux Blanc de Noirs

厳選された良質のピノ・ノワール種を100%使用したブラン・ド・ノワールは、熟した洋梨や香草などの複雑な香りに、フルーティでバランスのとれたボディが楽しめます。

●コク／★★★★ ●酸味／★★★★ ●香り／★★★★★ ●原産国／フランス ●生産地区／シャンパーニュ地方 ●メゾン／ヴーヴ A. ドゥヴォー ●色／白 ●味／香り高い辛口 ●容量／750ml ●アルコール度数／12% ●価格／5,257円 ●輸入・販売元／（株）スマイル

アルノード シューラン ブリュット レゼルヴ
Arnaud de Cheurlin Brut Réserve

ピノ・ノワール種のしっかりとしたボディに、シャルドネ種の品のよさがアクセントを与え、イチゴやラズベリーなど赤い果実の香りが印象的なシャンパンです。

●コク／★★★★★ ●酸味／★★★★ ●香り／★★★★★ ●原産国／フランス ●生産地区／シャンパーニュ地方（セル・シュル・ウルス） ●メゾン／アルノード シューラン ●色／白 ●味／辛口 ●容量／750㎖ ●アルコール度数／12％ ●価格／4,988円（参考価格） ●輸入・販売元／木下インターナショナル（株）

ラルマンディエ ベルニエ ブリュット トラディション プルミエ クリュ
Larmandier Bernier Brut Tradition Premier Cru

シャルドネ種を主体とした、グレープフルーツなどの柑橘系の果実を思わせるフレッシュで繊細な味わいと、筋の通ったしっかりとしたボディのシャンパンに仕上げています。

●コク／★★★★★ ●酸味／★★★★ ●香り／★★★★★ ●原産国／フランス ●生産地区／シャンパーニュ地方（コート・デ・ブラン、ヴェルチュ） ●メゾン／ラルマンディエ・ベルニエ ●色／白 ●味／辛口 ●容量／750㎖ ●アルコール度数／12％ ●価格／6,412円（参考価格） ●輸入・販売元／木下インターナショナル（株）

「スパークリングワイン」カタログ

フランスの「ヴァン・ムスー」、イタリアの「スプマンテ」、スペインの「カヴァ」、ドイツの「ゼクト」などをはじめ、現在、世界各国で特徴あるスパークリングワインが数多く造られています。

（世界地図：スペイン、ドイツ、ハンガリー、オーストリア、イタリア、フランス、ポルトガル、南アフリカ、日本、アメリカ、オーストラリア、ニュージーランド、ブラジル、アルゼンチン）

フランス／フランスのスパークリングワインはフランス語で泡のワインという意味の「ヴァン・ムスー」といいます。**イタリア**／スパークリングワインを総称して「スプマンテ」と呼びます。中でも北イタリアのピエモンテ州の〝アスティ〟が世界中で有名です。**ドイツ**／ドイツのスパークリングワインは、「ゼクト」と「シャウムヴァイン」の２つと、テーブル用スパークリングワインの「パールヴァイン」があります。**スペイン**／「カヴァ」が有名ですが、「エスプモーソ」も、国内外で流通されています。**オーストリア**／ドイツの「ゼクト」に似ていますが、コクがあり、しっかりした風味があります。**ポルトガル**／ポルトガル独自のマリアゴメス種で造られている「エスプマンテ」は、高く評価され、国際的に注目されています。**ハンガリー**／さまざまな国と隣接するハンガリーのシャンパンはエテェック・ブダ地方で盛んに造られています。**アメリカ**／ワイン名醸地として知られるカリフォルニア州のナパ・ヴァレーやソノマ地区が、スパークリングワインの産地として有名です。**南米(ブラジル・アルゼンチン)**／温暖な気候で品質のよいブドウが栽培されるブラジル、アルゼンチン。海外資本も参入し、今最も注目されるスパークリングワイン生産地域です。**オセアニア(オーストラリア・ニュージーランド)**／オーストラリアでは、サウス・オーストラリア州などで主に、ニュージーランドでは、恵まれた気候で評判のスパークリングワインが造られています。**南アフリカ**／温暖な地中海性気候に恵まれ、ケープタウン州でスパークリングワインが造られています。**日本**／欧州ブドウ品種や日本産のブドウ品種などで、国内外のコンテストに入賞するほどの、スパークリングワインを造っています。

フランス

美味しさはシャンパンに引けを取らない
造り手の個性が生きている「ヴァン・ムスー」

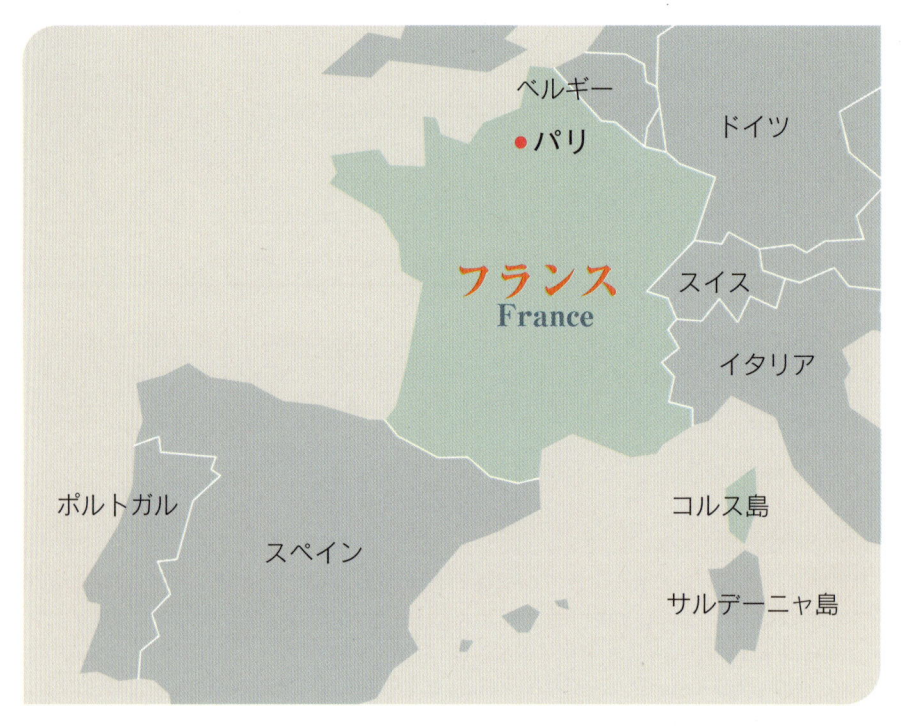

　フランスで造られるスパークリングワインは、シャンパーニュ地方以外のものすべてを「ヴァン・ムスー（泡のワイン）」と呼びます。

　製法は、シャンパーニュ方式やシャルマ方式などを採用し、シャルドネなどの定番品種のほかに、シュナン・ブランなどのシャトー独自の品種を使って、ワインの特徴をうまく出しています。

　「ヴァン・ムスー」は、ブルゴーニュ地方など、フランスのほとんどの地方で造られていますが、特に有名なのは、〝クレマン〟（フランス産弱発泡性ワイン）でおなじみのロワール地方です。

　ロワール地方のトゥレーヌ地区やソミュール地区にはスパークリングワイン業者が多く、特にヴーヴレー産の「ヴァン・ムスー」は、シャンパンにも劣らない美味しさと評判です。

France ★ Sparkling Wine

ソミュール ブリュット キュヴェ フレーム
Saumur Brut Cuvée Flamme

シャンパンメーカーのアルフレッド・グラシアン社と同族系列なので、品質には定評があります。厳選されたブドウを使用し、シャンパーニュ方式で丁寧に造られた最高級のヴァン・ムスーです。

●コク／★★★ ●酸味／★★★★ ●香り／★★★★ ●原産国／フランス ●生産地区／ロワール地方ソミュール ●メゾン／グラシアン・メイヤー ●色／白 ●味／辛口 ●容量／750㎖ ●アルコール度数／12% ●価格／3,157円 ●輸入・販売元／(株)スマイル

カフェ ド パリ ブランド フルーツ フランボワーズ
Café de Paris Blanc de Fruits Framboise

人気のカフェ ド パリシリーズの定番商品。フランボワーズの香りが華やかな印象を与え、初心者でも飲みやすいアルコール控えめの、やや甘口スパークリングワインに仕上がっています。

●コク／★★★ ●酸味／★★ ●香り／★★★★★ ●原産国／フランス ●生産地区／── ●メゾン／ペルノ ●色／ルビー ●味／やや甘口 ●容量／200㎖、750㎖ ●アルコール度数／6%以上、7%未満 ●価格／618円、1,766円 ●輸入・販売元／キリンビール(株)

C.F.G.V オペラ・ブリュ
C.F.G.V Opéra Brut

ユニ・ブラン種を100%使用した、フレッシュでフルーティな味わいで、切れ味のよいスパークリングワインです。パリのオペラ座をイメージしたデザインのボトルがお祝い事にピッタリ。

●コク／★★★ ●酸味／★★★ ●香り／★★★ ●原産国／フランス ●生産地区／── ●メゾン／C.F.G.V ●色／白 ●味／辛口 ●容量／750㎖ ●アルコール度数／10.5% ●価格／1,249円 ●輸入・販売元／サッポロビール(株)

シャルル・ド・フェール トラディション・ブリュット 白
Charles de Fere Tradition Brut

シャルドネ種を100％使用し、シャンパーニュ方式で造られたヴァン・ムスーです。2年間の熟成を経た心地よい酸味と優雅な口当たりは、シャンパンに劣らない逸品です。

●コク／★★★★ ●酸味／★★★ ●香り／★★★★ ●原産国／フランス ●生産地区／ブルゴーニュ地方 ●メゾン／Charles de Fere ●色／白 ●味／辛口 ●容量／750㎖ ●アルコール度数／12％ ●価格／1,961円 ●輸入・販売元／国分(株)

ジャン・ルイ ブラン・ド・ブラン・ブリュット 白
Jean Louis Blanc de Blancs Brut

タンク内で低温調節に注意しながら、二次発酵させることでブドウ本来のアロマを最大限に引き出します。繊細な泡立ちと強い果実香、爽やかなのどごしを楽しむことができます。

●コク／★★★ ●酸味／★★★★ ●香り／★★★★ ●原産国／フランス ●生産地区／ブルゴーニュ地方 ●メゾン／Charles de Fere ●色／白 ●味／辛口 ●容量／750㎖ ●アルコール度数／12％ ●価格／1,278円 ●輸入・販売元／国分(株)

ソレヴィ・ジャン・ドルセーヌ・デュミ・セック
Sorevi Jean Dorsène Demi-Sec

きめこまやかな泡立ちに、ほのかな甘さとやさしい風味が、心地よい気分にさせてくれるボルドー産スパークリングワイン。気の合う仲間を呼んで、楽しく飲みたい一杯です。

●コク／★★★ ●酸味／★★★ ●香り／★★★★ ●原産国／フランス ●生産地区／ボルドー地方 ●メゾン／ソレヴィ ●色／白 ●味／ほのかな甘口 ●容量／750㎖ ●アルコール度数／11％ ●価格／1,325円 ●輸入・販売元／サッポロビール(株)

France ★ Sparkling Wine

リステル ペティヤン・ド・リステル アロマ フランボワーズ
Listel S.A. Pétillant de Listel Arome Franmboise

無添加の自然製法にこだわり、フランボワーズの天然の甘味と香りが生きたリステル社の看板商品。アペリティフ（食前酒）や、デザートワインとしても楽しめます。

●コク／★★ ●酸味／★★★ ●香り／★★★★ ●原産国／フランス ●生産地区／南仏モンペリエ近郊 ●メゾン／リステル ●色／ロゼ ●味／やや甘口 ●容量／750ml ●アルコール度数／3.5% ●価格／1,562円 ●輸入・販売元／サッポロビール（株）

ドメーヌ・ローラン・スニ・クレマン・ド・ブルゴーニュ・ブリュット
Domaine Roland Sounit Crémant de Bourgogne Brut

クレマンでは珍しくヴィンテージが入っており、高品質なスパークリングワインです。鮮やかな色合いに、口の中に広がる新鮮でフルーティな味わいは、パーティやアペリティフなどに最適です。

●コク／★★ ●酸味／★★★ ●香り／★★★ ●原産国／フランス ●生産地区／ブルゴーニュ地方 ●メゾン／ドメーヌ・ローラン・スニ ●色／白 ●味／辛口 ●容量／750ml ●アルコール度数／11% ●価格／2,310円 ●輸入・販売元／全日空商事（株）

デュック・ド・ヴァルメール ブリュット
Duc de Valmer Brut

タンク内で二次発酵させるシャルマ方式の発明者、シャルマ氏が1907年にシャトーを設立。彼の尊敬する歴史上人物のデュック・ド・ヴァルメールに敬意を表わして造られたスパークリングワインです。

●コク／★★★★ ●酸味／★★★★ ●香り／★★★★ ●原産国／フランス ●生産地区／ロワール地方 ●メゾン／カーヴ・ド・ヴァルメール ●色／白 ●味／辛口 ●容量／750ml ●アルコール度数／11% ●価格／1,587円 ●輸入・販売元／日本リカー（株）

クレマン・ド・ロワール・ブリュット
Crémant de Loire Brut

シュナン・ブラン種など４種をブレンドし、シャンパーニュ方式で造られたラングロワ・メゾンの代表的商品です。フレッシュな中に、コシのしっかりとした味わいが印象的です。

●コク／★★★ ●酸味／★★ ●香り／★★★ ●原産国／フランス ●生産地区／ロワール地方 ●メゾン／ラングロワ・メゾン ●色／白 ●味／辛口 ●容量／750ml ●アルコール度数／12.5% ●価格／2,625円 ●輸入・販売元／(株)ラック・コーポレーション

クレマン・ド・ロワール・ブリュット・ロゼ
Crémant de Loire Brut Rosé

カベルネ・フラン種をベースに造られたこのクレマンは、美しいロゼの見た目と違い、口に含めばしっかりとしたボディを感じさせる、豊かな味わいに仕上がっています。

●コク／★★★ ●酸味／★★ ●香り／★★★ ●原産国／フランス ●生産地区／ロワール地方 ●メゾン／ラングロワ・メゾン ●色／白 ●味／辛口 ●容量／750ml ●アルコール度数／13% ●価格／2,625円 ●輸入・販売元／(株)ラック・コーポレーション

クレマン・ド・ブルゴーニュ 白ブリュット
Crémant de Bourgogne Blanc Brut

クレマン（発泡性ワイン）を得意とする生産者が造ったスパークリングは、味にふくらみがあってバランスもよく、柑橘系のようなフルーティな香りがいきいきとしています。

●コク／★★★ ●酸味／★★★ ●香り／★★★ ●原産国／フランス ●生産地区／ブルゴーニュ地方 ●メゾン／ルイ・ピカメロ ●色／白 ●味／辛口 ●容量／750ml ●アルコール度数／11.45% ●価格／2,520円 ●輸入・販売元／(株)モトックス

France ★ Sparkling Wine

ブーケ・ドール・ブラン
Bouquet d'Or Blanc

1885年、フランソワ・レミー氏によって設立させた老舗メーカー。グラスに注ぐとまるで真珠のような気泡が立ち上がり、フローラル系の豊かな香りと軽快な飲み口です。

- コク／★★★ ●酸味／★★ ●香り／★★★ ●原産国／フランス
- 生産地区／ロワール地方 ●メゾン／レミー・パニエ ●色／白
- 味／辛口 ●容量／750㎖ ●アルコール度数／11％ ●価格／1,112円
- 輸入・販売元／アサヒビール（株）

ブラン・ド・ブラン "ヴァレンタイン"
Blanc de Blancs Valentin

白ブドウ品種のみで造られた、繊細で上品な味わいの中辛口ヴァン・ムスーです。チーズとの相性もよく、名称通り、ヴァレンタインの夜に恋人同士で飲みたいスパークリングワインです。

- コク／★★★ ●酸味／★★ ●香り／★★★ ●原産国／フランス
- 生産地区／ロワール地方 ●メゾン／レミー・パニエ ●色／白
- 味／中辛口 ●容量／750㎖ ●アルコール度数／11％ ●価格／1,507円
- 輸入・販売元／アサヒビール（株）

シャルル・バイィ ブリュット
Charles Bailly Brut

新鮮でフルーティな香りに、キレのある酸味とシャープな味わいが特徴の上品なヴァン・ムスーです。さまざまな料理と合いますが、特に刺し身や天ぷらなど和食との相性は抜群です。

- コク／★★★ ●酸味／★★★★ ●香り／★★★★ ●原産国／フランス
- 生産地区／ブルゴーニュ地方 コート・ド・ニュイ地区
- メゾン／シャルル・バイィ ●色／白 ●味／辛口 ●容量／750㎖
- アルコール度数／11.5％ ●価格／オープン価格 ●輸入・販売元／オエノングループ 合同酒精（株）

ヴィコムト・ドゥ・カンプリアン・ブリュット
Vicomte de Camprian Brut

グラスに映える精細な泡立ちが美しく、すっきりした後味が心地よい気分にさせてくれる辛口スパークリングワインです。食前酒としてはもちろん、フルーツとの相性も抜群です。

●コク／★★★★ ●酸味／★★★★ ●香り／★★★★ ●原産国／フランス ●生産地区／── ●メゾン／Cfgv ●色／白 ●味／辛口 ●容量／750㎖ ●アルコール度数／10.5% ●価格／1,687円 ●輸入・販売元／(株)明治屋

ピア・ドール・ムスー
Piat d'Or Mousseux

フルーティな甘口で飲みやすいピア・ドールは、スパークリングワイン初心者の方でも親しみやすいので、お客様のおもてなしにピッタリのスパークリングワインです。

●コク／★★★ ●酸味／★★ ●香り／★★★★ ●原産国／フランス ●生産地区／ラングドック・ルーシヨン地方 ●メゾン／ピア・ペール・エ・フィス ●色／白 ●味／やや甘口 ●容量／750㎖ ●アルコール度数／11% ●価格／1,273円 ●輸入・販売元／メルシャン(株)

キュヴェ・ロワイヤル クレマン・ド・ボルドー ブリュット
Cuvée Royale Cremant de Bordeaux Brut

ワインで知られるボルドー産のクレマン（スパークリングワイン）は、青リンゴのようなさっぱりとした辛口に、清涼感ある口当たりが料理と一緒にいただくのに最高のパートナーです。

●コク／★★★ ●酸味／★★★ ●香り／★★★ ●原産国／フランス ●生産地区／ボルドー地方 ●メゾン／ジャン・ルイ・バララン ●色／白 ●味／辛口 ●容量／750㎖ ●アルコール度数／11.72% ●価格／2,205円 ●輸入・販売元／(株)モトックス

イタリア

イタリアの伝統的な製法を大切にしながら
時代のニーズに合わせて造られる「スプマンテ」

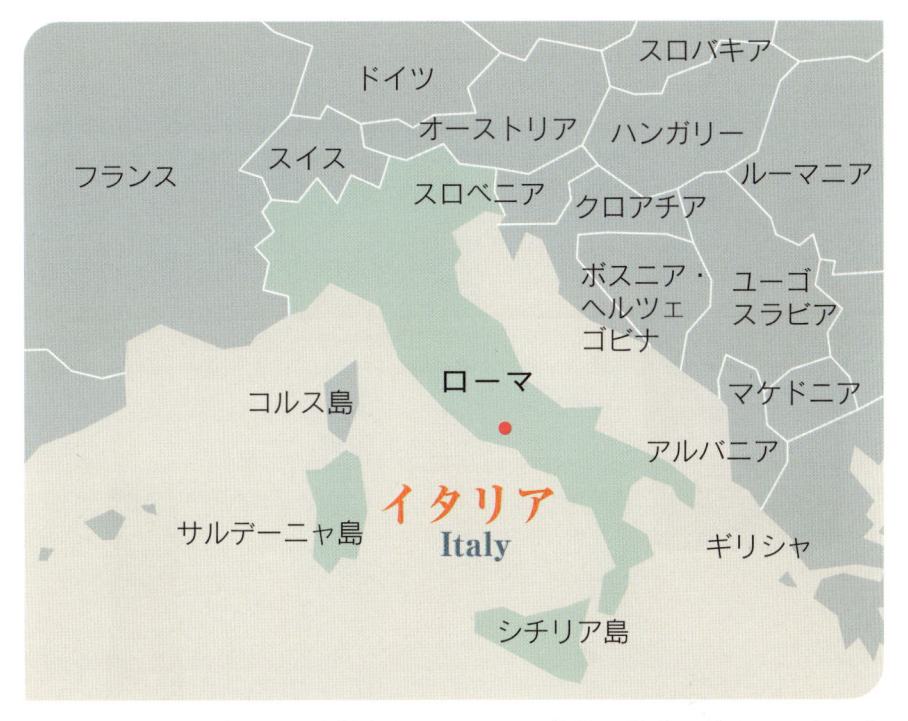

　イタリアは温暖な地中海性気候で、ブドウ栽培に非常に適しており、とてもワイン造りが盛んです。そのため、2006年12月現在、生産量もフランスを押さえ世界一のワイン大国です。

　イタリア産のスパークリングワインは、総称して「スプマンテ」と呼びます。「スプマンテ」の本場は、〝アスティ〟で有名な、北イタリアのピエモンテ州ですが、ほかにはロンバルディア州やヴェネト州、シチリア州（シチリア島）などでも多く造られています。

　昔から「スプマンテ」は、甘口や、やや甘口が主流のワインですが、最近では辛口も多く造られています。また、シャルマ方式で造られるのが一般的ですが、最近、一部ではシャンパーニュ方式でも造られるようになっています。

アスティ スプマンテ チンザノ
Asti Spumante Cinzano

モスカート・ビアンコ種100％の甘口スパークリングワイン。甘く爽やかな口当たりは、焼き立てのパンケーキや、フルーツタルトなどのスイーツによく合います。

●コク／★★ ●酸味／★★★ ●香り／★★★★★ ●原産国／イタリア ●生産地区／ピエモンテ州 ●メゾン／チンザノ ●色／白 ●味／やや甘口 ●容量／750㎖ ●アルコール度数／7％ ●価格／オープン価格 ●輸入・販売元／サントリー(株)

チンザノ プロセッコ
Cinzano Prosecco

アカシアの花やリンゴなどの香りに、プロセッコ種特有のいきいきとした軽快な飲み口で、特にピーチネクターと割る人気カクテル「ベリーニ」に合います。

●コク／★★ ●酸味／★★★★ ●香り／★★★★ ●原産国／イタリア ●生産地区／ピエモンテ州 ●メゾン／チンザノ ●色／白 ●味／辛口 ●容量／750㎖ ●アルコール度数／11％ ●価格／オープン価格 ●輸入・販売元／サントリー(株)

Italy ★ Sparkling Wine

ガンチア アスティ スプマンテ
Gancia Asti Spumante

繊細なフローラル香、ピーチやパイナップルを想わせる甘い香り、爽やかなマスカットのアロマ。やや甘口の上品かつ華やかな味わいが、口の中で心地よく広がります。

●コク／★★★ ●酸味／★★ ●香り／★★★★★ ●原産国／イタリア ●生産地区／ピエモンテ州 ●メゾン／ガンチア ●色／白 ●味／甘口 ●容量／375㎖、750㎖ ●アルコール度数／8％ ●価格／オープン価格 ●輸入・販売元／アサヒビール（株）

ガンチア プロセッコ スプマンテ
Gancia Prosecco Spumante

コクのあるなめらかな舌ざわりと、しっかりとした酸味でキリッとした辛口のスプマンテ。新鮮なリンゴ、ピーチ、ハチミツなどのアロマが特徴です。

●コク／★★★ ●酸味／★★★ ●香り／★★★ ●原産国／イタリア ●生産地区／ピエモンテ州（ブドウはヴェネト州） ●メゾン／ガンチア ●色／白 ●味／辛口 ●容量／200㎖、750㎖ ●アルコール度数／11％ ●価格／オープン価格 ●輸入・販売元／アサヒビール（株）

モンテニーザ ブリュット
Montenisa Brut

シャルドネ種、ピノ・ビアンコ種、ピノ・ノワール種を使って醸造したスプマンテを、30カ月（2年半）以上も瓶の中で熟成させた、コク、香りが際立つ味わいです。

●コク／★★★ ●酸味／★★★ ●香り／★★★★ ●原産国／イタリア ●生産地区／フランチャコルタ村 ●メゾン／アンティノリ ●色／白 ●味／辛口 ●容量／750㎖ ●アルコール度数／12.5％ ●価格／4,207円 ●輸入・販売元／アサヒビール（株）

フォンタナフレッダ アスティ D.O.C.G.
Fontanafredda Asti D.O.C.G.

とれたてのマスカットのような香り高さと、花やフルーツなどのアロマを持つ、個性的なスプマンテです。甘口な味わいで、デザートとの相性が抜群です。

●コク／★★ ●酸味／★★ ●香り／★★★★★ ●原産国／イタリア ●生産地区／ピエモンテ州 ●メゾン／フォンタナフレッダ ●色／麦わら色 ●味／甘口 ●容量／750㎖ ●アルコール度数／6〜8% ●価格／オープン価格 ●輸入・販売元／モンテ物産（株）

フォンタナフレッダ コンテッサローザ エクストラブリュット
Fontanafredda Contessa Rosa Extra Brut

最低3年は熟成させ、瓶で二次発酵させる昔ながらの製法で造られたこだわりのスプマンテ。力強い香りと深い味わい、きめ細かい泡が、エレガントなひとときにぴったりです。

●コク／★★★★★ ●酸味／★★★★★ ●香り／★★★★★ ●原産国／イタリア ●生産地区／ピエモンテ州 ●メゾン／フォンタナフレッダ ●色／■■ ●味／甘口 ●容量／750㎖ ●アルコール度数／12% ●価格／オープン価格 ●輸入・販売元／モンテ物産（株）

ベッレンダ プロセッコ ヴァルドッビアデーネ ブリュ
Bellenda Prosecco Conegliano Valdobbiadene Brut

ゴールドがかった小麦色と、果実や花を想わせる繊細で上品な香り、ほのかな苦味のある後味の余韻が楽しめます。よく冷やして食前に飲むのがおすすめです。

●コク／★★★ ●酸味／★★★★ ●香り／★★★ ●原産国／イタリア ●生産地区／ヴェネト州 ●メゾン／ベッレンダ ●色／麦わら色 ●味／やや辛口 ●容量／750㎖ ●アルコール度数／11.5% ●価格／オープン価格 ●輸入・販売元／モンテ物産（株）

Italy ★ Sparkling Wine

モンテロッサ フランチャコルタ サテン ブリュ D.O.C.G.
Monte Rossa Franciacorta Saten Brut D.O.C.G.

白ブドウ（シャルドネ種60％、ピノ・ビアンコ種40％）だけで造っているため、コク、酸味、香りどれをとっても〝サテン″の名前の通りエレガントです。

●コク／★★★★★ ●酸味／★★★★★ ●香り／★★★★★ ●原産国／イタリア ●生産地区／ロンバルディア州 ●メゾン／モンテロッサ ●色／白 ●味／辛口 ●容量／750ml ●アルコール度数／6〜8％ ●価格／オープン価格 ●輸入・販売元／モンテ物産（株）

カペッタ バレリーナ アスティ スプマンテ D.O.C.G.
Capetta Ballerina Asti Spumante D.O.C.G.

アカシアや藤の花、オレンジやハチミツを想わせる香りに、爽やかな甘味と控えめなアルコール度が飲み心地よいスプマンテ。サラダやフルーツを使った料理とよく合います。

●コク／★★★ ●酸味／★★ ●香り／★★★★ ●原産国／イタリア ●生産地区／ピエモンテ州アスティ地区 ●メゾン／カペッタ ●色／白 ●味／甘口 ●容量／200ml、375ml、750ml ●アルコール度数／8％ ●価格／482円、856円、1,399円 ●輸入・販売元／キリンビール（株）

カペッタ バレリーナ ブリュット スプマンテ
Capetta Ballerina Brut Spumante

エレガントな果実や花の香りとともに、小麦やトースト香もあり、フレッシュで繊細な調和のとれた味わいとかすかに渋味を含んだ後味が特徴です。魚介類を使った料理に合います。

●コク／★★★ ●酸味／★★ ●香り／★★★★ ●原産国／イタリア ●生産地区／ピエモンテ州 ●メゾン／カペッタ ●色／白 ●味／辛口 ●容量／200ml、375ml、750ml ●アルコール度数／15％ ●価格／426円、642円、1,178円 ●輸入・販売元／キリンビール（株）

ミオネット・ピザーニ・パーティー・ブルー・キュベ・ブリュ
Mionetto Pisani Party Blu Cuvée Brut

とれたての果実を両手に抱えているような心地よい香りと辛口の味わいは、どんなシーンにもマッチします。よく冷やしたミオネットと魚料理の相性は抜群です。

●コク／★★ ●酸味／★★★ ●香り／★★★★ ●原産国／イタリア ●生産地区／ヴェネト州 ●メゾン／ミオネット ●色／白 ●味／やや辛口 ●容量／750mℓ ●アルコール度数／11% ●価格／1,493円 ●輸入・販売元／サッポロビール(株)

キアリ・ランブルスコ ロッソ
Chiarli Lambrusco Rosso

黒ブドウのランブルスコ種で造られた、珍しいスパークリングワインです。ほのかな甘味と、酸味の少ない味わいは、食事と一緒に楽しめます。

●コク／★ ●酸味／★ ●香り／★★★ ●原産国／イタリア ●生産地区／エミリアロマーニャ州 ●メゾン／キアリ ●色／赤 ●味／甘口 ●容量／750mℓ ●アルコール度数／7.5% ●価格／926円 ●輸入・販売元／サッポロビール(株)

ラ・ジョイヨーザ・プロセッコ・ディ・ヴァルドッビアデーネ・DOC・スプマンテ・エクストラ・ドライ
La Gioiosa Prosecco di Valdobbiadene DOC Spumante Extra Dry

一口飲むと、なめらかな口当たりとまろやかな味わいが広がり、アカシアや藤の花などの繊細なブーケと果実の香りで満たされ、飲んだ後の余韻も長く楽しめます。

●コク／★★★ ●酸味／★★ ●香り／★★★★ ●原産国／イタリア ●生産地区／ヴェネト州 ●メゾン／ラ・ジョイヨーザ ●色／白 ●味／やや辛口 ●容量／750mℓ ●アルコール度数／11% ●価格／1,693円 ●輸入・販売元／サッポロビール(株)

Italy ★ Sparkling Wine

ベルサーノ アスティ・スプマンテ
Borsano Asti Spumante

ほどよい甘味と軽やかな香りで、大草原を駆け抜けるような感覚に包まれます。上品な味わいとやさしく弾ける泡、ゴールドの色がエレガントさを醸し出しています。

●コク／★★★　●酸味／★★★　●香り／★★★★　●原産国／イタリア　●生産地区／ピエモンテ州　●メゾン／ベルサーノ　●色／白　●味／やや甘口　●容量／750ml　●アルコール度数／7％　●価格／2,232円　●輸入・販売元／メルシャン（株）

コンテ・バルドゥイーノ・アスティ・スプマンテ
Conte Balduino Asti Spumante

マスカット種独特の爽やかなアロマ、フルーティなコク、軽やかな泡立ちと口当たりのバランスが秀逸で、辛口が好きな人も楽しめるスプマンテです。

●コク／★★★　●酸味／★★★　●香り／★★★★　●原産国／イタリア　●生産地区／ピエモンテ州　●メゾン／ベルサーノ　●色／白　●味／やや甘口　●容量／750ml　●アルコール度数／7％　●価格／1,602円　●輸入・販売元／メルシャン（株）

コンテ・バルドゥイーノ・ロッソ・スプマンテ
Conte Balduino Rosso Spumante

ほどよい酸味、かすかな渋味とタンニンで、赤ワインの美味しさを感じさせながらも、やや甘口で軽やかな味わいに仕上げた、スプマンテです。

●コク／★★★ ●酸味／★★★ ●香り／★★★★ ●原産国／イタリア ●生産地区／ピエモンテ州 ●メゾン／ベルサーノ ●色／赤 ●味／やや甘口 ●容量／750㎖ ●アルコール度数／7% ●価格／1,392円 ●輸入・販売元／メルシャン(株)

天使のアスティ
Asti Degli Angeli

キュートな天使の瓶ラベルが印象的な、女性を中心に人気のアスティ。マスカットの華やかな果実香と、爽やかな風味がおいしい甘口のスパークリングワインです。

●コク／★★★ ●酸味／★★★ ●香り／★★★★★ ●原産国／イタリア ●生産地区／ピエモンテ州 ●メゾン／サンテロ ●色／白 ●味／甘口 ●容量／750㎖ ●アルコール度数／7.3% ●価格／1,523円 ●輸入・販売元／(株)モトックス

ピノ シャルドネ スプマンテ
Pinot Chardonnay Spumante

きめこまやかな泡立ちに、ピノ・ビアンコ種とシャルドネ種をブレンドして造られた、すっきりとした味わいの辛口スパークリングワイン。シーフード料理などに合います。

●コク／★★★ ●酸味／★★★ ●香り／★★★ ●原産国／イタリア ●生産地区／ピエモンテ州 ●メゾン／サンテロ ●色／白 ●味／辛口 ●容量／750㎖ ●アルコール度数／11.5% ●価格／1,365円 ●輸入・販売元／(株)モトックス

Italy ★ Sparkling Wine

プロセッコ・ディ・ヴァルドッビアデーネ ブリュット
Prosecco di Valdobbiadene Brut DOC

プロセッコ種で造られたスッキリとした辛口の中に、フローラルな香りとフルーティな味わいが生きていて飲みやすい。イタリア国内外で高い評価を受けているスパークリングワインです。

●コク／★★★　●酸味／★★★　●香り／★★★　●原産国／イタリア　●生産地区／ヴェネト州　●メゾン／ニーノ・フランコ　●色／淡ゴールド　●味／辛口　●容量／750㎖　●アルコール度数／11％　●価格／2,940円　●輸入・販売元／（株）JALUX

フランチャコルタ ブリュット
Franciacorta Brut

花や果実、かすかなナッツの香りなど、複雑な風味が深いコクを出しています。スパークリングワイン好きをうならせる、バランスのよさが特徴です。

●コク／★★★　●酸味／★★★　●香り／★★★　●原産国／イタリア　●生産地区／ロンバルディア州　●メゾン／コンタディ・カスタルディ　●色／白　●味／辛口　●容量／750㎖　●アルコール度数／12.5％　●価格／3,990円　●輸入元／（株）アルカン　●販売元／JFLA酒類販売（株）

プロセッコ ディ ヴァルドッビアデーネ D.O.C. エクストラ ドライ
Prosecco di Valdobbiadene D.O.C. Extra Dry

現在でも機械を使わず、手搾りで造る伝統的なワイナリーのスパークリングワインは、桃やリンゴなどのフルーティな香りが特徴で、飲んだ後も長く余韻が続きます。

●コク／★★★ ●酸味／★★★★ ●香り／★★★★ ●原産国／イタリア ●生産地区／ヴェネト州 ●メゾン／ラ・トルデーラ ●色／白 ●味／中辛口 ●容量／750㎖ ●アルコール度数／11% ●価格／2,585円 ●輸入・販売元／日本リカー（株）

カヴァリ・ランブルスコ・グラスパローサ・アマービレ
Cavalli Lambrusco Grasparossa Ambile

軽い口当たりと、果実味あふれるやや甘口の味わいは、誰にでも飲みやすく、乾杯の席にふさわしい。よく冷やして飲むのがおすすめです。

●コク／★★ ●酸味／★★ ●香り／★★★★★ ●原産国／イタリア ●生産地区／エミリアロマーニャ州 ●メゾン／グルッポ・イタリアーノ・ヴィニ ●色／赤 ●味／中甘口 ●容量／750㎖ ●アルコール度数／8.3% ●価格／1,076円 ●輸入・販売元／（株）明治屋

フィオーレ・ディ・チリエージョ・ヴィーノ・スプマンテ・ドルチェ
Fiore di Ciliegio Vino Spumante Dolce

イタリア語で〝桜の花〟を意味する、鮮やかなロゼ色のスパークリングワインです。名前の通り、どこか〝和〟をイメージさせる、やさしい味わいが特徴です。

●コク／★ ●酸味／★ ●香り／★★★★ ●原産国／イタリア ●生産地区／ヴェネト州 ●メゾン／ボッテーガ ●色／ロゼ ●味／中甘口 ●容量／750㎖ ●アルコール度数／10% ●価格／1,680円 ●輸入・販売元／（株）明治屋

ドイツ

高級志向の「ゼクト」、庶民的な「シャウムヴァイン」
どちらも素晴らしい美味しさを持っている

地図：イギリス、オランダ、ベルリン●、ポーランド、ベルギー、ドイツ Germany、チェコ、スロバキア、フランス、スイス、オーストリア、ハンガリー、スロベニア、クロアチア、ユーゴスラビア、イタリア、ボスニア・ヘルツェゴビナ

　ドイツのスパークリングワインは、大きく分けて「ゼクト」と「シャウムヴァイン」の2つに分かれます。

「ゼクト」とは、シャルマ方式やシャンパーニュ方式で造られ、瓶内二次発酵で最低6カ月の熟成が義務づけられた高級志向のスパークリングワインを指します。その手の込んだ品質の高さは、ドイツ国内をはじめ、海外からも圧倒的に人気があります。

「シャウムヴァイン」は、かつてのドイツ産スパークリングワインの総称でしたが、最近では主にテーブル用スパークリングワインのことを指します。

　製法はワインに直接炭酸ガスを注入させる方法で造られ、ドイツの家庭では、安価で気楽に飲める「シャウムヴァイン」を好んで購入することが多いようです。

フュルスト・フォン・メッテルニヒ
Furst von Metternich

リースリング種100%で造られたコクのある味わいと、同時に感じられる爽やかな酸味、ハチミツや花のようなブーケのアクセントが効いたバランスのよいゼクトです。

●コク／★★★★ ●酸味／★★★ ●香り／★★★ ●原産国／ドイツ ●生産地区／── ●メゾン／フュルスト・フォン・メッテルニヒ・ゼクト・ケラライ ●色／白 ●味／辛口 ●容量／750㎖ ●アルコール度数／約12% ●価格／3,150円 ●輸入・販売元／ピーロート・ジャパン(株)

ダインハート キャビネット
Deinhard Cabinet

リンゴや洋梨などのフルーティな香り、甘味と酸味のバランスといったドイツワインの特徴はそのままに、上品な泡立ちで飲みやすさも兼ね備えたスパークリングワインです。

●コク／★★★ ●酸味／★★★ ●香り／★★★★ ●原産国／ドイツ ●生産地区／コブレンツ ●メゾン／ヘンケル・ゼーンライン ●色／白 ●味／辛口 ●容量／750㎖ ●アルコール度数／12% ●価格／1,260円 ●輸入・販売元／アサヒビール(株)

Germany ★ Sparkling Wine

アオグスト ケセラー シュペートブルグンダー ヴァイスヘルプスト 1996 ブリュット
August Kesseler Spaetburgunder Weissherpst 1996 Brut

ドイツの赤ワイン用ブドウ品種の中でも、良質の原料となるシュペートブルグンダー(ピノ・ノワール)種のみで造られた、辛口のロゼ・スパークリングワインです。

●コク／★★★★★ ●酸味／★★★★★ ●香り／★★★★★ ●原産国／ドイツ ●生産地区／ラインガウ ●メゾン／アオグスト・ケセラー醸造所 ●色／ロゼ ●味／辛口 ●容量／750㎖ ●アルコール度数／12.5% ●価格／10,500円 ●輸入・販売元／(有)石橋コレクション

シュロス カステル ブリュット
Schloss Castell brut

ドイツの中でも、個性的で力強いワインが目立つフランケン地域のゼクトです。特にシルバーナ種特有の深いコクが素晴らしい出来栄えです。

●コク／★★★★★ ●酸味／★★★★★ ●香り／★★★★★ ●原産国／ドイツ ●生産地区／フランケン ●メゾン／カステル侯爵家 ●色／白 ●味／辛口 ●容量／750㎖ ●アルコール度数／12% ●価格／4,200円 ●輸入・販売元／(有)石橋コレクション

クロスター・エーベルバッハ 2002 エクストラ トロッケン
Kloster Eberbach 2002 extra trocken

歴史あるクロスター・エーベルバッハで造られるスパークリングワインは、ドイツワインを代表するブドウ品種のリースリング種を使った、気品あふれる味と香りが魅力です。

●コク／★★★★★ ●酸味／★★★ ●香り／★★★★ ●原産国／ドイツ ●生産地区／ラインガウ ●メゾン／州立ワイン醸造所 ●色／白 ●味／辛口 ●容量／750㎖ ●アルコール度数／12% ●価格／4,200円 ●輸入・販売元／(有)石橋コレクション

ファルケンベルク マドンナ ゼクト
P.J.Valckenberg Madonna Sekt

人気ドイツワイン「マドンナ」のスパークリング版です。ほのかに感じるフルーツのやさしく甘い香りと、炭酸の心地よい刺激がうまく融合し、口の中で爽やかさが広がります。

●コク／★★ ●酸味／★★★★ ●香り／★★★ ●原産国／ドイツ ●生産地区／ライン地方 ●メゾン／ファルケンベルク ●色／白 ●味／ほのかな甘口 ●容量／750㎖ ●アルコール度数／10％ ●価格／オープン価格 ●輸入・販売元／サントリー(株)

シュロス ラインハルツハウゼン キャビネット トロッケン
Schloss Reinhartshausen Cabinet Trocken

ラインガウ地域の中でも、ゼクトの醸造技術が高い評価を受けているシュロス・ラインハルツハウゼンで造られています。コク、香りともに楽しめる逸品です。

●コク／★★★★★ ●酸味／★★★ ●香り／★★★★★ ●原産国／ドイツ ●生産地区／ラインガウ ●メゾン／シュロス・ラインハルツハウゼン ●色／白 ●味／辛口 ●容量／750㎖ ●アルコール度数／12％ ●価格／4,200円 ●輸入・販売元／(有)石橋コレクション

Germany ★ Sparkling Wine

クッパーベルク 白
Kupferberg Gold

高品質のブドウを買いつけ、高い技術で醸造したゼクトです。辛口でドライな口当たりながら、やさしい香りと繊細な風味が広がってきます。

●コク／★★★ ●酸味／★★★★ ●香り／★★★ ●原産国／ドイツ ●生産地区／── ●メゾン／クッパーベルク ●色／白 ●味／やや辛口 ●容量／750㎖ ●アルコール度数／11% ●価格／1,551円 ●輸入・販売元／サッポロビール（株）

ヘンケル ブリュット ヴィンテージ
Henkell Brut Vintage

上質の白ワインをブレンドするため、さまざまな表情を見せるエレガントでバランスのよい味わいです。やや辛口ながら、まろやかな余韻が長く楽しめます。

●コク／★★★ ●酸味／★★★★ ●香り／★★★★ ●原産国／ドイツ ●生産地区／マインツ ●メゾン／ヘンケル＆ゼーンライン ●色／白 ●味／中辛口 ●容量／750㎖ ●アルコール度数／11.5% ●価格／2,112円 ●輸入・販売元／日本リカー（株）

ヘンケル トロッケン ロゼ
Henkell Trocken Rosé

ヘンケル トロッケンのロゼタイプは、アプリコットやチェリーなどのフルーティな香りと、ほどよい辛さ、ムースのようなきめ細かな泡が特徴です。

●コク／★★★ ●酸味／★★★★ ●香り／★★★★ ●原産国／ドイツ ●生産地区／マインツ ●メゾン／ヘンケル＆ゼーンライン ●色／ロゼ ●味／中辛口 ●容量／750㎖ ●アルコール度数／11.5% ●価格／2,107円 ●輸入・販売元／日本リカー（株）

ヘンケル トロッケン ドライ セック
Henkell Trocken Dry Sec

少し緑がかった淡い黄色のワインの中で立ち上る泡、それとともに花や洋梨の香りが広がります。しっかりとした酸味と辛口のバランスのよさが、最後まで飽きさせません。

●コク／★★★ ●酸味／★★★★ ●香り／★★★★ ●原産国／ドイツ ●生産地区／マインツ ●メゾン／ヘンケル＆ゼーンライン ●色／白 ●味／中辛口 ●容量／750㎖ ●アルコール度数／11.5％ ●価格／1,902円 ●輸入・販売元／日本リカー（株）

ヘンケル トロッケン ブランドブラン
Henkell Trocken Blanc de Blancs

ブラン ド ブランは、クリーミィな味わいと、なめらかな飲み口、奥深いアロマ、長いアフターテイストなど、バランスのよさが特徴です。

●コク／★★★★ ●酸味／★★★★ ●香り／★★★★ ●原産国／ドイツ ●生産地区／マインツ ●メゾン／ヘンケル＆ゼーンライン ●色／白 ●味／中辛口 ●容量／750㎖ ●アルコール度数／11.5％ ●価格／1,902円 ●輸入・販売元／日本リカー（株）

ゼーンライン ブリラント トロッケン
Sohnlein Brillant trocken

1867年のパリ万国博覧会で、唯一金賞を授賞した蔵元が手掛けるスパークリングワインは、新鮮な果実の香りと、酸味と甘味のバランスがとれた飲みやすい美味しさです。

●コク／★★ ●酸味／★★ ●香り／★★ ●原産国／ドイツ ●生産地区／ラインガウ ●メゾン／ヘンケル＆ゼーンライン醸造所 ●色／白 ●味／やや甘口 ●容量／750㎖ ●アルコール度数／11％ ●価格／1,680円 ●輸入・販売元／（株）八田

Germany ★ Sparkling Wine

ツェラー・シュワルツ・カッツ・ゼクト
Zeller Schwarze Katz Sekt

シュワルツ・カッツのスパークリングタイプです。リースリング種らしい甘味と酸味がはっきりとした味わいと、爽やかな香りは、TPOを選ばずに楽しめます。

- **コク**／★★★ ●**酸味**／★★★ ●**香り**／★★★★ ●**原産国**／ドイツ ●**生産地区**／モーゼル・ザール・ルーヴァー ●**メゾン**／グスタフ・アドルフ・シュミット ●**色**／白 ●**味**／やや甘口 ●**容量**／750ml ●**アルコール度数**／12% ●**価格**／1,824円 ●**輸入・販売元**／メルシャン（株）

マイバッハ ツェラー シュヴァルツェ カッツ ゼクト b.A
Maybech Zeller Schwarze Kats Sect b.A.

黒猫のラベルでおなじみのツェラー シュヴァルツェ カッツのスパークリングタイプ。爽やかな酸味とフルーティな味わいのハーモニーが楽しい気分にさせてくれます。

- ●**コク**／★★★ ●**酸味**／★★★★ ●**香り**／★★★ ●**原産国**／ドイツ ●**生産地区**／モーゼル ●**メゾン**／ペーター・メルテス ●**色**／白 ●**味**／ほのかな甘口 ●**容量**／750ml ●**アルコール度数**／12% ●**価格**／1,418円 ●**輸入・販売元**／（株）モトックス

オペル ゼクト トロッケン
Opel Sekt Trocken

新鮮なフルーツのような酸味と香りに満ちた風味と、キリッとした辛口の味わいが秀逸のバランスです。やや緑がかった黄金色は、宝石のような輝きを放ちます。

- ●**コク**／★★★ ●**酸味**／★★★ ●**香り**／★★★★ ●**原産国**／ドイツ ●**生産地区**／ラインヘッセン ●**メゾン**／シュロス ヴェスターハウス ●**色**／白 ●**味**／辛口 ●**容量**／750ml ●**アルコール度数**／11% ●**価格**／3,475円 ●**輸入・販売元**／（株）ヤマオカゾーン

スペイン

**歴史あるスペインが誇る「エスプモーソ」
その中の最高峰「カヴァ」の美味しさはまさに逸品**

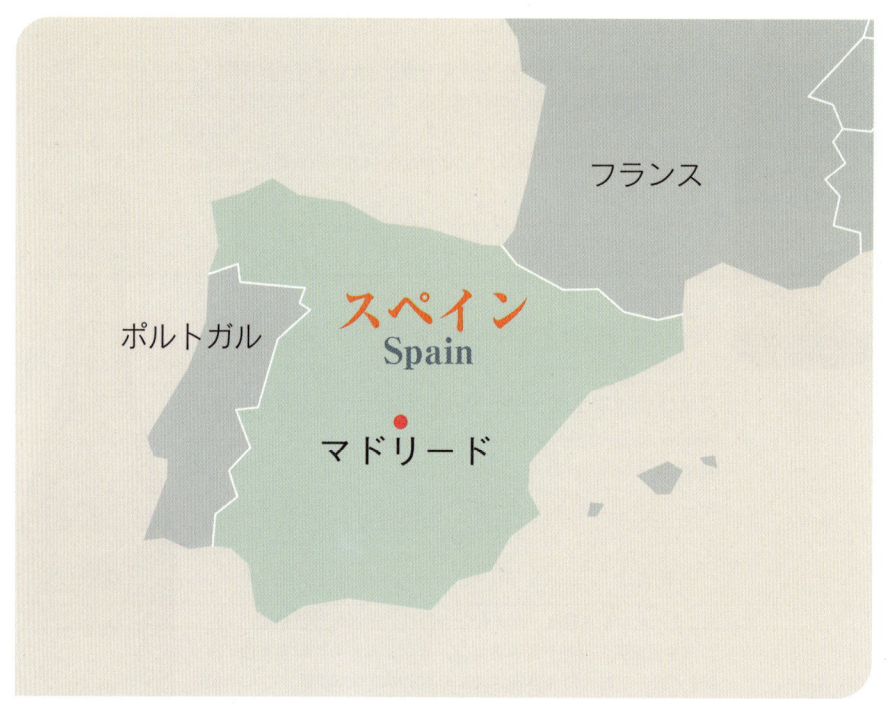

フランス
ポルトガル
スペイン
Spain
マドリード

　スペインといえば「カヴァ」が有名です。
「カヴァ」とは、シャンパーニュ方式で造られたスペイン産スパークリングワインのことで、その多くがワインどころのカタルーニャ地方で生産されています。
「カヴァ」は、スペインのワイン法のDOに格付けされ、瓶内二次発酵後に9カ月の熟成期間が義務づけられるなど、手間がかかる分、最高品質を誇っています。しかし、値段が手ごろなので人気があり、世界中で愛飲されています。
　また、スペインのスパークリングワインは、「エスプモーソ」と総称されることが多いのですが、現在では「カヴァ」とは区別して、シャルマ方式などで造られたスパークリングワインのことを指します。カタルーニャのほか、リオハなどでも生産され、こちらも国内外に多く流通しています。

Spain ★ Sparkling Wine

ロジャーグラート カヴァ グラン・キュヴェ
Roger Goulart Cava Grand Cuvèe

厳選された最高のワインから造られた最高級カヴァ。柑橘系のフレッシュな香りと、きめこまやかでしっかりした泡は、100年以上も続く伝統的なカーヴでの48カ月間にもおよぶ熟成で生まれたものです。

- コク／★★★★★ ● 酸味／★★★★ ● 香り／★★★★ ● 原産国／スペイン ● 生産地区／カタルーニャ州ペネデス ● メゾン／ロジャーグラート ● 色／白 ● 味／辛口 ● 容量／750㎖ ● アルコール度数／12% ● 価格／2,625円 ● 輸入・販売元／三国ワイン（株）

ロジャーグラート カヴァ ロゼ ブリュット
Roger Goulart Cava Rosé Brut

きめこまやかな泡、新鮮なチェリーやイチゴの甘い香りとボリュームある口当たり。美しいロゼ色の秘密は、夜涼しい時に収穫したブドウを1時間置いて色を出すことにより得られます。

- コク／★★★★★ ● 酸味／★★★ ● 香り／★★★★ ● 原産国／スペイン ● 生産地区／カタルーニャ州ペネデス ● メゾン／ロジャーグラート ● 色／ロゼ ● 味／辛口 ● 容量／750㎖ ● アルコール度数／12% ● 価格／2,310円 ● 輸入・販売元／三国ワイン（株）

コドーニュ クラシコ・ブリュット
Codorniu Clasico Brut

カヴァの代表メーカー、コドーニュ社が造ったクラシコは、マイルドな口当たりと繊細な味わいを持ち、熟成による豊かな香りと泡立ちが自慢です。スペイン料理はもとより、和食にもよく合います。

●コク／★★★★ ●酸味／★★★ ●香り／★★★★ ●原産国／スペイン ●生産地区／カタルーニャ州 ●メゾン／コドーニュ ●色／白 ●味／辛口 ●容量／750㎖ ●アルコール度数／11％ ●価格／1,704円 ●輸入・販売元／メルシャン（株）

コドーニュ　ピノ・ノワール・ブリュット
Codorniu Pinot Noir Brut

２年間の熟成で育まれたきめこまやかな泡立ち、フランボワーズやカシス、イチゴや柑橘系を想わせる繊細で豊かな香りが印象的な、ピノ・ノワール種100％で造られた珍しいカヴァです。

●コク／★★★★ ●酸味／★★★ ●香り／★★★★ ●原産国／スペイン ●生産地区／カタルーニャ州 ●メゾン／コドーニュ ●色／ロゼ ●味／辛口 ●容量／750㎖ ●アルコール度数／12％ ●価格／2,643円 ●輸入・販売元／メルシャン（株）

コドーニュ レセルバ・ラベントス
Codorniu Reserva Raventos

カヴァの生みの親でコドーニュ社当主ホセ・ラベントス氏にちなんで造られた商品です。熟成で生まれる上品な芳香と風味の絶妙なバランスは、丁寧な仕事から生まれるものです。

●コク／★★★★ ●酸味／★★★ ●香り／★★★★ ●原産国／スペイン ●生産地区／カタルーニャ州 ●メゾン／コドーニュ ●色／白 ●味／辛口 ●容量／750㎖ ●アルコール度数／12％ ●価格／1,908円 ●輸入・販売元／メルシャン（株）

Spain ★ Sparkling Wine

トレジョ・ブリュット・ナトゥレ
Torello Brut Nature

マカベオ種、チャレッロ種、パレリャーダ種を使用し、瓶内熟成を4年させて造られます。伝統的な手作業へのこだわりを大切にしているため、こまやかな泡と切れ味のある辛口に仕上がっています。

●コク／★★★★　●酸味／★★★　●香り／★★★★　●原産国／スペイン　●生産地区／カタルーニャ州ペネデス　●メゾン／ボデガス・トレジョ　●色／白　●味／辛口　●容量／750㎖　●アルコール度数／──　●価格／4,200円　●輸入・販売元／㈲サス

ロベジャ・ロゼ・ブリュット・レセルバ
Rovellats Rosé Brut Réserva

ロゼならではのフランボワーズや、チェリーといった赤い実を想わせる香りに、フレッシュな味わいを感じさせます。ボディがしっかりしているので、ほのかな甘味の余韻を楽しむことができます。

●コク／★★★　●酸味／★★　●香り／★★★★　●原産国／スペイン　●生産地区／カタルーニャ州ペネデス　●メゾン／ロベジャ　●色／ロゼ　●味／辛口　●容量／750㎖　●アルコール度数／──　●価格／2,940円　●輸入・販売元／㈲サス

ブランドール セミセコ
Blanc d'or Semi Seco

カヴァと同じブドウ品種と自社で造った酵母を使い、シャルマ方式で造られたエスプモーソ。フレッシュな果実の香りと、しっかりとした泡立ちが感じられる本格派です。

●コク／★★★ ●酸味／★★ ●香り／★★★ ●原産国／スペイン ●生産地区／カタルーニャ州ペネデス ●メゾン／UCSA ●色／白 ●味／やや甘口 ●容量／750㎖ ●アルコール度数／11.5% ●価格／オープン価格 ●輸入・販売元／(株)リョーショクリカー

セグラ ヴューダス ブルート レゼルバ
Segura Viudas Brut Reserva

高級カヴァメーカーとして知られるセグラヴューダス社。代表ブランドのブルート レゼルバは、厳選したブドウを一つ一つ手摘みするなど、手間暇かけて造るその存在は常に注目されています。

●コク／★★★ ●酸味／★★★★ ●香り／★★★ ●原産国／スペイン ●生産地区／カタルーニャ州ペネデス ●メゾン／セグラ ヴューダス ●色／白 ●味／辛口 ●容量／750㎖ ●アルコール度数／11.5% ●価格／1,430円 ●輸入・販売元／(株)リョーショクリカー

セグラ ヴューダス ラヴィット ロサード ブルート
Segura Viudas Lavit Rosado Brut

2002年に発表された話題のロゼは、トレパット種(原産ブドウ品種)を使用した、個性的な深い赤みの色合いに、桜やラズベリーのような甘酸っぱい香りが爽やかに広がります。

●コク／★★★★ ●酸味／★★ ●香り／★★★ ●原産国／スペイン ●生産地区／カタルーニャ州ペネデス ●メゾン／セグラ ヴューダス ●色／ロゼ ●味／辛口 ●容量／750㎖ ●アルコール度数／11.5% ●価格／1,483円 ●輸入・販売元／(株)リョーショクリカー

Spain ★ Sparkling Wine

アルタディ カバ・ブリュット 1994
Artadi Cava Brut 1994

ワイン専門誌「ワイン・アドヴォケイト」の2004年を代表するワインに選ばれるなど、人気が高いカヴァです。しかし、生産量が極めて少なく、自社のカタログにも載せていない幻のアイテムです。

●コク／★★★ ●酸味／★★ ●香り／★★★ ●原産国／スペイン ●生産地区／ラ・リオハ州リオハ ●メゾン／アルタディ ●色／白 ●味／辛口 ●容量／750㎖ ●アルコール度数／11.39％ ●価格／4,200円 ●輸入・販売元／（株）ヴィントナーズ

ブリュット・リセルヴァ・シンコ・エストレージャス 2003
Brut Reserva 5 Estrellas 2003

ワイン専門誌「ギア・ペニン」にて最高得点を獲得したヴィンテージ・カヴァ。力強いボディにクリーミィな舌ざわり、フレッシュさの中に苦味や酸味が感じられる複雑な味わいが自慢です。

●コク／★★★ ●酸味／★★★ ●香り／★★★ ●原産国／スペイン ●生産地区／カタルーニャ州 ●メゾン／シグナット ●色／白 ●味／辛口 ●容量／750㎖ ●アルコール度数／11.85％ ●価格／4,200円 ●輸入・販売元／（株）ヴィントナーズ

カステルブランチ グラン ナドール
Castellblanch Grand Nador

カステルブランチは、カヴァ専門のメーカーです。地下の貯蔵庫でゆっくりと熟成させることにより、爽やかな酸味とハチミツのような自然な甘さが口の中いっぱいに広がります。

●コク／★★ ●酸味／★★★ ●香り／★★★ ●原産国／スペイン ●生産地区／カタルーニャ州ペネデス ●メゾン／カステルブランチ ●色／白 ●味／やや甘口 ●容量／750㎖ ●アルコール度数／11％ ●価格／オープン価格 ●輸入・販売元／サントリー（株）

カステルブランチ ブリュット ゼロ
Castellblanch Brut Zero

キレのあるクリーンで爽やかな味わいが心地よく、熟成期間が長いので、深みのある熟成香を楽しむことができます。糖分ゼロの極辛口スパークリングワインです。

●コク／★★★ ●酸味／★★★ ●香り／★★★ ●原産国／スペイン ●生産地区／カタルーニャ州ペネデス ●メゾン／カステルブランチ ●色／白 ●味／極辛口 ●容量／750㎖ ●アルコール度数／11% ●価格／オープン価格 ●輸入・販売元／サントリー（株）

フレシネ コルドン ネグロ
Freixenet Cordon Negro

黒い瓶でおなじみのコルドンネグロは、1年半以上の瓶内熟成で造られた緑がかった淡黄色の水色と、レモンやシトラスのようなクリーンでキレのある酸味が特徴です。

●コク／★★★ ●酸味／★★★★ ●香り／★★★ ●原産国／スペイン ●生産地区／カタルーニャ州ペネデス ●メゾン／フレシネ ●色／白 ●味／辛口 ●容量／750㎖ ●アルコール度数／11.5% ●価格／オープン価格 ●輸入・販売元／サントリー（株）

フレシネ セミセコ・ロゼ
Freixenet Semi Seco Rosé

新鮮な味わいの中に赤ブドウの落ち着いたタンニンの深みが感じられ、口の中で消えていくような自然の甘さに、熟したイチゴのような酸味のバランスが心地よいです。

●コク／★★★ ●酸味／★★★ ●香り／★★★★ ●原産国／スペイン ●生産地区／カタルーニャ州ペネデス ●メゾン／フレシネ ●色／ロゼ ●味／ほのかな甘口 ●容量／750㎖ ●アルコール度数／12% ●価格／オープン価格 ●輸入・販売元／サントリー（株）

Spain ★ Sparkling Wine

ポールシェノー・ブラン・ド・ブラン・ブリュット
Paul Cheneau Blanc de Blans Brut

酵母やナッツの香ばしさや、熟したリンゴの香りなど、ヴィンテージシャンパンを想わせるバランスがとれた芳香が特徴。麦わらの色合いの中、こまやかで繊細な泡がいつまでも上り続けます。

●コク／★★★★★ ●酸味／★★★ ●香り／★★★★ ●原産国／スペイン ●生産地区／カタルーニャ州ペネデス ●メゾン／ジロ・リボット ●色／白 ●味／辛口 ●容量／750㎖ ●アルコール度数／12% ●価格／オープン価格 ●輸入・販売元／(株)ドウシシャ

ラクリマ・バッカス・レセルヴァ・ブリュット
Lacrima Baccus Reserva Brut

"バッカス（ギリシャ神話の酒神）の涙"という意味のカヴァス・ラヴェルノヤは、1918年から製造されるロングセラーブランド。伝統的製法による華やかな果実香と繊細な味わいは、時代をこえて愛されています。

●コク／★★★ ●酸味／★★★ ●香り／★★★★ ●原産国／スペイン ●生産地区／カタルーニャ州ペネデス ●メゾン／カヴァス・ラヴェルノヤ ●色／白 ●味／辛口 ●容量／750㎖ ●アルコール度数／12% ●価格／1,435円 ●輸入・販売元／アサヒビール(株)

ラクリマ・バッカス・レセルヴァ・セミ・セック
Lacrima Baccus Reserva Semi Sec

ロングセラー商品のラクリマ・バッカスは、やや甘口のカヴァ。かすかに緑がかった黄色に、きめこまやかに気泡が立ち、爽やかで新鮮な果実香と適度な酸味がバランスよく感じられます。

●コク／★★★ ●酸味／★★★ ●香り／★★★★ ●原産国／スペイン ●生産地区／カタルーニャ州ペネデス ●メゾン／カヴァス・ラヴェルノヤ ●色／白 ●味／中甘口 ●容量／750㎖ ●アルコール度数／12% ●価格／1,435円 ●輸入・販売元／アサヒビール(株)

ドゥーシェ・シュバリエ ドライ
Duche Chevallier Dry

カタルーニャ地方特有の石灰岩質の土壌と、温暖な気候の中で育ったブドウを使用。きめこまやかな泡立ちとフルーティな芳香、柔らかな口当たりが魅力のスパークリングワインです。

●コク／★★★ ●酸味／★★★★ ●香り／★★ ●原産国／スペイン ●生産地区／カタルーニャ州 ●メゾン／ヴィニデルサ ●色／白 ●味／やや辛口 ●容量／750㎖ ●アルコール度数／11.5% ●価格／1,348円 ●輸入・販売元／サッポロビール（株）

ジュヴェ・カンプス レゼルヴァ・ヴィンテージ・ブリュット
Juvé & Camps Reserva Vintage Brut

２年半の熟成によって育まれた輝く黄金色とこまやかな泡。自社畑で栽培されたブドウのフリーランジュース（搾汁）のみ使用した、ソフトで爽快な口当たりが、長い余韻を残します。

●コク／★★★★ ●酸味／★★★ ●香り／★★★★ ●原産国／スペイン ●生産地区／カタルーニャ州ペネデス ●メゾン／ジュヴェ・カンプス ●色／白 ●味／辛口 ●容量／750㎖ ●アルコール度数／12% ●価格／1,897円 ●輸入・販売元／（株）明治屋

アルベット・イ・ノヤ カバ ブルット
Albet i Noya Cava Brut

スペインの有機農法審議会で定めたブドウ100％を使用し、シャンパーニュ方式で丁寧に造られた信頼性のあるカヴァです。きめこまやかな泡立ちが高品質の証拠です。

●コク／★★★ ●酸味／★★★ ●香り／★★★ ●原産国／スペイン ●生産地区／カタルーニャ州 ●メゾン／アルベット・イ・ノヤ ●色／白 ●味／辛口 ●容量／750㎖ ●アルコール度数／12.35% ●価格／2,625円 ●輸入・販売元／（株）モトックス

オーストリア

温和な気候が育んだコクがありしっかりとした味わいの
オーストリアのスパークリングワイン

オーストリアは、ドイツやイタリアなどのワイン大国に囲まれて、ワインの品質が非常に高いのですが、あまり知られていません。スパークリングワインは、みずみずしい果実味のドイツのゼクトに似ているところがありますが、比較的温暖な気候のせいかゼクトよりコクがあり、しっかりとした風味です。

ブルンデルマイヤー ブリュット
Brundlmayer Brut

有機無農薬栽培を実践し、「ワインプロフェッサー（教授）」と呼ばれるメーカーのスタイルを表現したアイテム。酸味と甘味のバランスがよく、上品なトースト香がします。

●コク／★★★ ●酸味／★★★ ●香り／★★★ ●原産国／オーストリア ●生産地区／カンプタール地区 ●メゾン／ワイングート ブルンデルマイヤー ●色／白 ●味／辛口 ●容量／750ml ●アルコール度数／12.3% ●価格／3,990円 ●輸入・販売元／(有) エイ・ダヴリュー・エイ

シュタイニンガー ツヴァイゲルト セクト
Steninger Zweigrlt Sekt

オーストリアの黒ブドウ、ツヴァイゲルト種100%で造られた珍しい赤の辛口スパークリングワイン。フルーティで柔らかいタンニンを口の中で楽しむことができます。

●コク／★★★★ ●酸味／★★★ ●香り／★★★ ●原産国／オーストリア ●生産地区／カンプタール地区 ●メゾン／ワイングート シュタイニンガー ●色／赤 ●味／辛口 ●容量／750ml ●アルコール度数／14.2% ●価格／3,465円 ●輸入・販売元／(有) エイ・ダヴリュー・エイ

ポルトガル

ポルトガル原産品種にこだわったワイン造りが独特な味わいの「エスプマンテ」を生み出す

ポートワインの産地として知られるポルトガル。スパークリングワインのことを「エスプマンテ」と称して、国内外で親しまれています。

多くの国がさまざまな国のブドウ品種を採用する風潮の中、マリアゴメス種などポルトガル独自の品種を大切にする姿勢は、国際的に高く評価され、ポルトガルのスパークリングワインは注目されています。

スパークリングワイン マリアゴメス
Sparkling Wine Maria Gomes

地元品種であるマリアゴメス種で造られたスパークリングワイン。白桃や青リンゴ、白い花を想わせる華やかな香りにチャーミングな味わいは、アペリティフとして最適です。

●コク／★★★★ ●酸味／★★★ ●香り／★★★★ ●原産国／ポルトガル ●生産地区／バイラーダ地方 ●メゾン／ルイス パト ●色／白 ●味／辛口 ●容量／750㎖ ●アルコール度数／12% ●価格／2,632円（参考価格）●輸入・販売元／木下インターナショナル（株）

キンタ ドス ロケス ブリュット スパークリングワイン ロゼ
Quinta dos Roques Brut Sparkling Rosé

チェリーやイチゴを思わせる香りが心地よく、切れ味があるロゼ・スパークリングワイン。アペリティフとしてはもちろん、中華料理や豚肉料理との相性も抜群です。

●コク／★★★★★ ●酸味／★★★★ ●香り／★★★★★ ●原産国／ポルトガル ●生産地区／ダン地方 ●メゾン／キンタ ドス ロケス ●色／ロゼ ●味／辛口 ●容量／750㎖ ●アルコール度数／12% ●価格／3,207円（参考価格）●輸入・販売元／木下インターナショナル（株）

ハンガリー

個性的なワインが味わえる国ハンガリー
舌の肥えた国民もうならせるスパークリングワイン

ヨーロッパの中心に位置し、さまざまな国と隣接するハンガリーは、土地によって気候もブドウ品種もさまざまなので、ワインの味もいろいろあります。

スパークリングワインは、ハンガリーの代表ワインメーカーのトーレイ社がエテェック・ブダ地方に設立したことによって、この地が代表的なスパークリングワイン産地となっています。

トーレイ (セック)
Torley

トーレイは120年以上の歴史を持つ、ハンガリー産スパークリングワインの代表格です。こまやかな泡がフルーティな香りとともに空気中に放たれ、爽やかな気分になれます。

- ●コク／★★★★ ●酸味／★★ ●香り／★★★ ●原産国／ハンガリー ●生産地区／エテェック・ブダ地方 ●メゾン／トーレイ ペジュグーピンツェーセット（フンガロビン）
- ●色／白 ●味／やや辛口 ●容量／750mℓ ●アルコール度数／12％未満 ●価格／2,520円
- ●輸入・販売元／(株)スズキビジネス

トーレイ タリスマン (デミセック)
Torley Talisman

混じりけのない新鮮なフルーツの香りの中に、ほのかに感じる甘味、そして軽快な口当たりが美味しいスパークリングワインです。チーズや豆腐料理などと合い、気軽に楽しむことができます。

- ●コク／★★ ●酸味／★ ●香り／★★★ ●原産国／ハンガリー ●生産地区／エテェック・ブダ地方 ●メゾン／トーレイ ペジュグーピンツェーセット（フンガロビン）
- ●色／白 ●味／やや甘口 ●容量／750mℓ ●アルコール度数／11％未満 ●価格／1,995円
- ●輸入・販売元／(株)スズキビジネス

アメリカ

西海岸の広大な畑と工夫から造られる
太陽の恵みが育んだスパークリングワイン

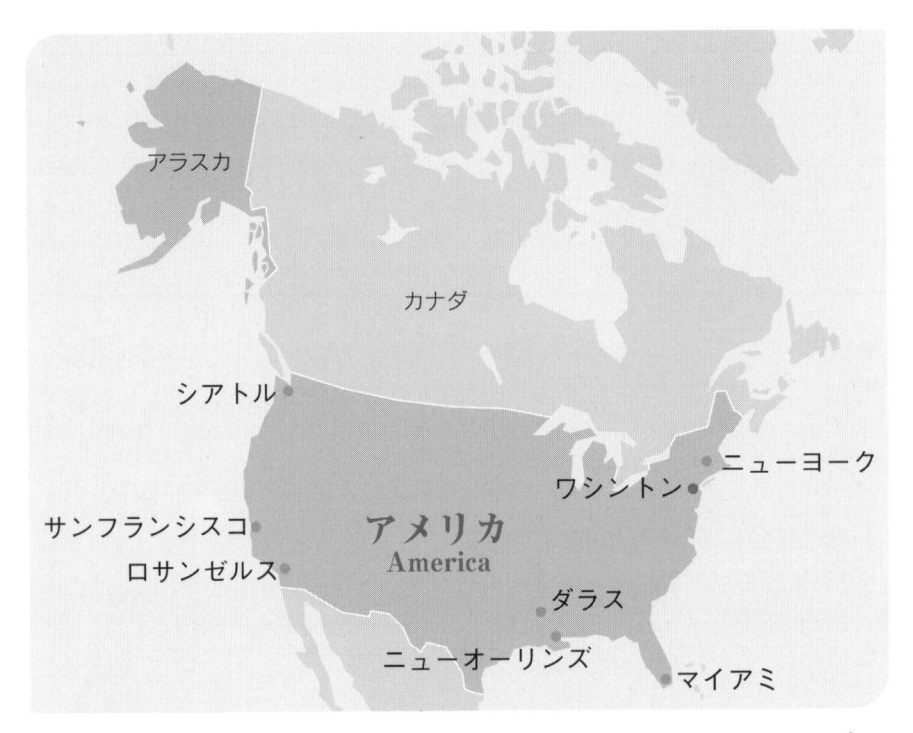

日本人にとって、クリスマスなどのイベントによってヨーロッパの次になじみのあるアメリカ産スパークリングワイン。

ワイン名醸地として知られるカリフォルニア州のナパ・ヴァレーやソノマ地区が有名です。ほかにはオレゴン州やワシントン州など、全体的にアメリカ西海岸側で造られています。

かつてアメリカ西海岸は、ヨーロッパに比べると気温が高く、降雨量も少ないことから、ブドウ栽培にはあまり適さない土地でした。しかし、ブドウの苗樹を品種ごとに気候の違うところへ植えるなどの工夫をし、さらにヨーロッパからの大手メーカーが資本参入することで技術面も向上しました。今では世界でも有数なワイン生産国となり、ヨーロッパにまったく引けを取らない美味しさのスパークリングワインが造られ、世界の愛飲家の舌をうならせています。

America ★ Sparkling Wine

シュラムスバーグ ブラン ド ブラン 2001
Schramsberg Blanc de Blancs 2001

レモンや青リンゴなどの果実味の爽やかな香りが、グラスを包み込む洗練された味わいのカリフォルニアを代表するスパークリングワインです。ホワイトハウスの公式行事でも提供されています。

●コク／★★★ ●酸味／★★★ ●香り／★★★★ ●原産国／アメリカ ●生産地区／カリフォルニア州ナパヴァレー ●メゾン／シュラムスバーグ ●色／淡ゴールド ●味／辛口 ●容量／450㎖ ●アルコール度数／12.8％ ●価格／4,830円 ●輸入・販売元／(株)JALUX

コーベル ブリュット
Korbel Brut

シャンパンと同じブドウ品種、瓶内二次発酵製法で造られた辛口のスパークリングワイン。繊細で軽い口当たりに、ブドウの甘味をほのかに感じる味わいが特徴です。

●コク／★★★★ ●酸味／★★★ ●香り／★★★★ ●原産国／アメリカ ●生産地区／カリフォルニア ●メゾン／コーベル ●色／白 ●味／辛口 ●容量／750㎖ ●アルコール度数／11％ ●価格／オープン価格 ●輸入・販売元／サントリー(株)

ベリンジャー・ヴィンヤーズ・スパークリング・ホワイト・ジンファンデル
Beringer Vineyards Sparkling White Zinfandel

フローラルな"門出のリキュール"を加えることにより、フレッシュなイチゴや柑橘系のフルーツを想わせる香りと酸味のバランスがよく、爽やかな泡立ちが口の中に広がっていきます。

●コク／★★ ●酸味／★★★ ●香り／★★★★ ●原産国／アメリカ ●生産地区／カルフォルニア州 ●メゾン／ベリンジャー ●色／ブラッシュ ●味／やや甘口 ●容量／750ml ●アルコール度数／10.5% ●価格／1,487円 ●輸入・販売元／サッポロビール(株)

サン・ミッシェル・ワイン・エステーツ ドメイン・サン・ミッシェル キュヴェ・ブリュット
Ste. Michelle Wine Estates Domaine Ste. Michelle Cuvée Brut

アメリカワインの名産地、コロンビア・ヴァレーの良質なブドウを使用した、爽やかな酸味と、あふれんばかりの花の香りが楽しめるスパークリングワインです。

●コク／★★★ ●酸味／★★★★ ●香り／★★★★ ●原産国／アメリカ ●生産地区／ワシントン州・コロンビア・ヴァレー ●メゾン／メゾンサンミッシェル ●色／白 ●味／辛口 ●容量／750ml ●アルコール度数／11.9% ●価格／2,328円 ●輸入・販売元／サッポロビール(株)

アーガイル ブリュット ウィラメット ヴァレー
Argyle Brut Willamette Valley

オレゴンの冷涼な環境を選び、シャンパーニュ方式を採用して造られた本格派スパークリングワイン。爽やかな酸味と果実の味わい深さを兼ね備えた、スッキリとした味わいです。

●コク／★★★★ ●酸味／★★★★ ●香り／★★★★ ●原産国／アメリカ ●生産地区／オレゴン州ウィラメット・ヴァレー ●メゾン／アーガイル・ワイナリー ●色／白 ●味／辛口 ●容量／750ml ●アルコール度数／13% ●価格／3,262円 ●輸入・販売元／ワイン・イン・スタイル(株)

America ★ Sparkling Wine

アンドレ ブリュット
André Brut

繊細な泡立ちと豊かな果実香、キリッとした辛口のスパークリングワインです。アメリカでは売上げNo.1を誇り、日本でも、ジャパンワインチャレンジ2004年に受賞歴があります。

●コク／★★★ ●酸味／★★★ ●香り／★★★★ ●原産国／アメリカ ●生産地区／カリフォルニア ●メゾン／E&Jガロ ワイナリー ●色／白 ●味／やや辛口 ●容量／750ml ●アルコール度数／11% ●価格／1,053円 ●輸入・販売元／ガロ・ジャパン(株)

アンドレ ロゼ
André Rosé

オレンジがかったロゼの色合いの中で、弾ける繊細な泡立ちにナッツやチェリー、リンゴのような複雑な香りと、コクのあるしっかりとしたスパークリングワインです。

●コク／★★★★ ●酸味／★★★ ●香り／★★★★ ●原産国／アメリカ ●生産地区／カリフォルニア州 ●メゾン／E&Jガロ ワイナリー ●色／ロゼ ●味／やや甘口 ●容量／750ml ●アルコール度数／10% ●価格／1,057円 ●輸入・販売元／ガロ・ジャパン(株)

トッツ
Tott's

かすかな柑橘系やピーチの香りに、すっきりとした後味の辛口スパークリングワインです。味わいはどんな料理にも合わせやすく、ジャパンワインチャレンジで入賞しました。

●コク／★★★ ●酸味／★★★★ ●香り／★★★★ ●原産国／アメリカ ●生産地区／カリフォルニア ●メゾン／E&Jガロ ワイナリー ●色／白 ●味／やや辛口 ●容量／750㎖ ●アルコール度数／10.5% ●価格／1,182円 ●輸入・販売元／ガロ・ジャパン（株）

バラトーレ
Ballatore

ジャパンワインチャレンジで銀賞受賞歴を誇る実力派のバラトーレ。華やかな泡立ちと桃や洋梨のジューシィな果実香が魅力的で、爽やかな甘味と酸味が特徴のスパークリングワインです。

●コク／★★★★ ●酸味／★★★ ●香り／★★★★ ●原産国／アメリカ ●生産地区／カリフォルニア ●メゾン／E&Jガロ ワイナリー ●色／白 ●味／やや甘口 ●容量／750㎖ ●アルコール度数／8% ●価格／1,191円 ●輸入・販売元／ガロ・ジャパン（株）

ドメーヌ・カーネロス ブリュット・ヴィンテージ 2002
Domaine Carneros Brut Vintage 2002

1987年にシャンパンのテタンジェ社が、アメリカのコブランド・コーポレーションと合同で開いたワイナリーです。柑橘系など熟した果実、ナッツやスパイスなど複雑な香りに、長い余韻が特徴です。

●コク／★★★★ ●酸味／★★★★ ●香り／★★★★ ●原産国／アメリカ ●生産地区／カリフォルニア ●メゾン／ドメーヌ・カーネロス ●色／白 ●味／辛口 ●容量／750㎖ ●アルコール度数／12% ●価格／3,997円 ●輸入・販売元／日本リカー（株）

America ★ Sparkling Wine

フランスコッポラ ソフィア ブラン デ ブラン
Francis Coppola Sofia Blanc de Blancs

映画監督フランシス・コッポラが、娘のソフィア・コッポラの結婚を記念して造ったというスパークリングワイン。強すぎないガス（泡）に、全体的にマイルドな味わいに仕上がっています。

●コク／★★ ●酸味／★★ ●香り／★★★★ ●原産国／アメリカ ●生産地区／モントレーカウンティ ●メゾン／フランシス・コッポラ ●色／白 ●味／中辛口 ●容量／750ml ●アルコール度数／11.5% ●価格／3,500円 ●輸入・販売元／カリフォルニア・ワイン・トレーディング（株）

NV ケンウッド ユルパ キュヴェ ブリュット
NV Kenwood Yulupa Cuvée Brut

シトラスや洋梨のような風味に、フレッシュでやさしい酸味の辛口スパークリングワインです。クリーミィな口当たりと泡立ちが上品で、華やかな気分にさせてくれます。

●コク／★★ ●酸味／★★★ ●香り／★★★★ ●原産国／アメリカ ●生産地区／カリフォルニア ●メゾン／ケンウッド・ヴィンヤード ●色／白 ●味／辛口 ●容量／750ml ●アルコール度数／12% ●価格／2,100円 ●輸入・販売元／カリフォルニア・ワイン・トレーディング（株）

ジェイ2000 ヴィンテージ ブリュット ルシアン・リヴァー・ヴァレー
J 2000 Vintage Brut Russian River Valley

こまやかな泡立ちに、シトラスやリンゴなどの豊かな香りが心地よく、まろやかでクリーミィな口当たりが美味しいジェイ（J）。すっきりした酸味と、ほのかな蜜の味わいが効いています。

●コク／★★★★ ●酸味／★★★ ●香り／★★★★ ●原産国／アメリカ ●生産地区／ルシアン・リヴァー・ヴァレー ●メゾン／ジェイ ヴィンヤード＆ワイナリー ●色／白 ●味／辛口 ●容量／750ml ●アルコール度数／12.7% ●価格／参考小売価格：5,257円 ●輸入・販売元／（株）スマイル、カリフォルニア・ワイン・トレーディング（株）

南米

究極のスパークリングワインが誕生する可能性もある
ワイン専門家も注目株の南米地域

南米は、広大な国土と温暖な気候に恵まれ、ブラジル、アルゼンチン、チリなどでワイン造りが盛んです。

特に赤道近くでは、品種によって質のよいブドウが年中収穫できます。

また、各国内の需要も多く、海外からの資本も多く参入し、さらに高品質のスパークリングワインが生まれるのではと、ワイン専門家が今最も注目する生産地域です。

トソ・ブリュット
Toso Brut

まろやかで繊細な果実味と、やさしい酸味が心地よく、スムーズな舌ざわりのトソ。その風味にリピーターも多く、アルゼンチンを代表するスパークリングワインです。

●コク／★★★ ●酸味／★★★ ●香り／★★★ ●原産国／アルゼンチン ●生産地区／メンドーサ州 ●メゾン／パスカル・トソ ●色／白 ●味／辛口 ●容量／750㎖ ●アルコール度数／12% ●価格／2,362円 ●輸入・販売元／ピーロート・ジャパン(株)

South America ★ Sparkling Wine

エスプマンテ ブラン ブリット
Espumante Blanc Brut

シャルマ方式で造られた、シャルドネ種100%の辛口スパークリングワインです。気品ある口当たりに、キレのよい泡立ちは、どんなシーンでも活躍してくれます。

●コク／★★★ ●酸味／★★★★ ●香り／★★★★ ●原産国／ブラジル ●生産地区／リオ・グランデ・ド・スール州 ●メゾン／アウロラ ●色／白 ●味／辛口 ●容量／750㎖ ●アルコール度数／12% ●価格／1,890円 ●輸入・販売元／(株)イマイ

エスプマンテ ルージュ ブリット
Espumante Rouge Brut

カベルネ・ソーヴィニヨン種、メルロー種、ピノ・タージュ種をブレンドした、赤のスパークリングワインです。シャルマ方式で造られた、ややコクのある細かい泡立ちが特徴です。

●コク／★★★★ ●酸味／★★★ ●香り／★★★★ ●原産国／ブラジル ●生産地区／リオ・グランデ・ド・スール州 ●メゾン／アウロラ ●色／赤 ●味／辛口 ●容量／750㎖ ●アルコール度数／12% ●価格／1,890円 ●輸入・販売元／(株)イマイ

エスプマンテ モスカテル
Espumante Moscatel

マスカット種で造られた甘口のスパークリングワイン。アルコール度数も低く、爽やかな甘味を感じる飲みやすい口当たりは、イタリアのアスティに似た味わいです。

●コク／★★★ ●酸味／★★ ●香り／★★★★ ●原産国／ブラジル ●生産地区／リオ・グランデ・ド・スール州 ●メゾン／アウロラ ●色／白 ●味／甘口 ●容量／750㎖ ●アルコール度数／7.5% ●価格／1,575円 ●輸入・販売元／(株)イマイ

オセアニア

南半球の楽園、オセアニア地域で造られる
太陽の恵みいっぱいのスパークリングワイン

　まるで「毎年がヴィンテージ・イヤー」といわれるオーストラリアのブドウ園は、南緯31度から43度にあり、ワイン造りに非常に適した環境にあります。主なワインの生産地は、サウス・オーストラリア州、ニュー・サウス・ウェールズ州、ヴィクトリア州で占められています。特にサウス・オーストラリア州が約50％の生産量を誇り、素晴らしいスパークリングワインを産出しています。

　ニュージーランドは、周囲を海に囲まれた海洋性気候で、季節による温度差があまりありません。真夏であっても平均最高気温が24.6℃と南半球でも冷涼で「一日の中に四季がある」といわれるほど昼夜の気温差があるため、ブドウは酸味がありながら、風味のバランスのよいエレガントなものが栽培されています。そのため、評判のスパークリングワインが造られています。

Oceania ★ Sparkling Wine

イエローグレン・ピノ・シャルドネ '04
Yellowglen Pinot Noir Chardonnay '04

フリーランジュース（ブドウの搾汁）を使用しているため、ブドウ本来の味が生き、シトラス、リンゴ、ハーブ、ナッツやトーストなどの風味とクリーミィな味わいが楽しめます。

●コク／★★★ ●酸味／★★★★ ●香り／★★★ ●原産国／オーストラリア ●生産地区／南東部 ●メゾン／イエローグレン ●色／白 ●味／辛口 ●容量／750㎖ ●アルコール度数／11.5% ●価格／1,890円 ●輸入・販売元／ヴィレッジ・セラーズ（株）

イエローグレン・レッドNV
Yellowglen Red NV

ラズベリーやプラム、チョコなどの甘い香りに、クリーミィな口当たりが飲みやすいレッドスパークリングワイン。赤ワイン特有の渋味を抑えるため、やや甘口に仕上げています。

●コク／★★★★ ●酸味／★★ ●香り／★★ ●原産国／オーストラリア ●生産地区／南東部 ●メゾン／イエローグレン ●色／赤 ●味／やや甘口 ●容量／750㎖ ●アルコール度数／12% ●価格／1,890円 ●輸入・販売元／ヴィレッジ・セラーズ（株）

グリーン ポイント ブリュット N.V.
Green Point Brut N.V.

クリーミィで繊細な泡立ちに、スパイス、ナッツの香りによって、レモンの花やジャスミン、白ネクターの華やかな風味が引き立ち、凛とした爽やかさを感じさせます。

●コク／★★★ ●酸味／★★★ ●香り／★★★★ ●原産国／オーストラリア ●生産地区／ヴィクトリア州ヤラ・ヴァレー ●メゾン／グリーン ポイント ●色／白 ●味／辛口 ●容量／750㎖ ●アルコール度数／12.5％ ●価格／1,995円 ●輸入・販売元／MHDディアジオ モエ ヘネシー (株)

グリーン ポイント ヴィンテージ ブリュット
Green Point Vintage Brut

30ヵ月も長期熟成させることにより、ナッツやスパイスなどの複雑な香りが生まれ、柑橘系の香りが爽やかに余韻を残します。全体的にまろやかなスパークリングワインです。

●コク／★★★★ ●酸味／★★★ ●香り／★★★★ ●原産国／オーストラリア ●生産地区／ヴィクトリア州ヤラ・ヴァレー ●メゾン／グリーン ポイント ●色／白 ●味／辛口 ●容量／750㎖ ●アルコール度数／12.5％ ●価格／2,625円 ●輸入・販売元／MHDディアジオ モエ ヘネシー (株)

グリーン ポイント ヴィンテージ ブリュット ロゼ
Green Point Vintage Brut Rosé

若々しいピンクの色合いと、複雑なアロマを持つヴィンテージ・スパークリングワイン。シャンパンと同じブドウ品種（ピノ・ノワール、ピノ・ムニエ、シャルドネ）をブレンドし、シャンパーニュ方式で造っています。

●コク／★★★★ ●酸味／★★★ ●香り／★★★★ ●原産国／オーストラリア ●生産地区／ヴィクトリア州ヤラ・ヴァレー ●メゾン／グリーン ポイント ●色／ロゼ ●味／辛口 ●容量／750㎖ ●アルコール度数／12.5％ ●価格／2,625円 ●輸入・販売元／MHDディアジオ モエ ヘネシー (株)

Oceania ★ Sparkling Wine

オーランド・ブーケ白
Orland Bouquet blanc

まるでフルーツそのものを口にしているようなジューシィな香りと、ほのかな甘口のスパークリングワイン。アペリティフとしてはもちろん、デザートのおともとしても楽しめます。

●コク／★★ ●酸味／★★ ●香り／★★★★ ●原産国／オーストラリア ●生産地区／バロッサヴァレー ●メゾン／オーランド ●色／白 ●味／やや甘口 ●容量／750㎖ ●アルコール度数／9％ ●価格／1,048円 ●輸入・販売元／サッポロビール(株)

グレッグ・ノーマン・エステイト スパークリング シャルドネ&ピノ・ノワール
Greg Norman Estates Sparkling Chardonnay Pinot Noir

シャルドネ種、ピノ・ノワール種を使った、プロゴルファーのノーマン氏こだわりのスパークリングワインは、ワイン専門誌でも高く評価されています。

●コク／★★★ ●酸味／★★ ●香り／★★★★ ●原産国／オーストラリア ●生産地区／南オーストラリア ●メゾン／グレッグ・ノーマン・エステイト ●色／白 ●味／辛口 ●容量／750㎖ ●アルコール度数／11.5％ ●価格／3,174円 ●輸入・販売元／メルシャン(株)

パイパーズ ブルック・スパーク・ピーリー '98
Pipers Brook Sparkling Pirie '98

タスマニア島最大のメーカーが造るスパークリングワイン。リンゴや梨、ブリオッシュにヘーゼルナッツ、花などの複雑な香りと、きめこまやかな泡立ちは世界のワイン愛好家からも評価が高いです。

●コク／★★★★★ ●酸味／★★★★★ ●香り／★★★★ ●原産国／オーストラリア ●生産地区／タスマニア州パイパーズ・リヴァー ●メゾン／パイパーズ・ブルック ヴィンヤード ●色／白 ●味／辛口 ●容量／750ml ●アルコール度数／12.5% ●価格／6,300円 ●輸入・販売元／ヴィレッジ・セラーズ（株）

ドリームタイム・パス・スパークリング・ホワイトNV
Dreamtime Pass White Sparkling NV

シャルドネ種をベースに、爽やかな酸味を持つコロンバード種と、風味を円滑にするセミヨン種をブレンド。柑橘系フルーティな香りに、ナッツを思わせる深みがありますが、非常に飲みやすくなっています。

●コク／★★★ ●酸味／★★★ ●香り／★★★ ●原産国／オーストラリア ●生産地区／南東部 ●メゾン／── ●色／白 ●味／辛口 ●容量／750ml ●アルコール度数／13% ●価格／1,575円 ●輸入・販売元／ヴィレッジ・セラーズ（株）

ドリームタイム・パス・スパークリング・レッドNV
Dreamtime Pass Red Sparkling NV

良質なシラーズ種を用いて造られた、レッドスパークリングワインです。赤特有の渋味は少なく、スパイシーなアクセントが効いたプラムやチョコなどの香り、そしてしっかりとしたボディは安定感を与えます。

●コク／★★★★★ ●酸味／★★★ ●香り／★★ ●原産国／オーストラリア ●生産地区／南東部 ●メゾン／── ●色／赤 ●味／中口 ●容量／750ml ●アルコール度数／14% ●価格／2,415円 ●輸入・販売元／ヴィレッジ・セラーズ（株）

Oceania ★ Sparkling Wine

モートン・エステート・ブリュット・メソッド・トラディショネルNV
Morton Estate Brut Method Traditionalle NV

「メソッド・トラディショネル」とは、シャンパーニュ方式で造られたという意味。ミネラルやトースト香の中に、果実の甘くデリケートな香りがアクセントとして効いています。

●コク／★★★ ●酸味／★★★★ ●香り／★★★★ ●原産国／ニュージーランド ●生産地区／ホークス・ベイ地方 ●メゾン／モートン・エステート ●色／白 ●味／辛口 ●容量／750ml ●アルコール度数／12% ●価格／3,150円 ●輸入・販売元／ヴィレッジ・セラーズ(株)

ジェイコブス・クリーク シャルドネ ピノ・ノワール
Jacob's Creek Chardonnay Pinot Noir

シャンパンと同じブドウ品種、製造法で造られたスパークリングワインです。酵母もシャンパーニュ産のものを使い、クリーミィでエレガントな果実味を引き立てています。

●コク／★★ ●酸味／★★★ ●香り／★★ ●原産国／オーストラリア ●生産地区／── ●メゾン／オーランド・ワインズ ●色／中程度の濃さのストロー・グリーン ●味／エレガントな果実味 ●容量／200ml、750ml ●アルコール度数／12% ●価格／578円、1,785円 ●輸入・販売元／ペルノ・リカール・ジャパン(株)

アンガス・ブリュット
Angas Brut

1849年、英国人醸造家サミュエル・スミス氏によって創業した、オーストラリアで最古のメゾン。ピノ・ノワール種とシャルドネ種で造られた上品な味わいと、クリーミィな泡立ちが特徴です。

●コク／★★★ ●酸味／★★ ●香り／★★★★ ●原産国／オーストラリア ●生産地区／南オーストラリア州 ●メゾン／ヤルンバ ●色／白 ●味／辛口 ●容量／750ml ●アルコール度数／12% ●価格／1,575円 ●輸入・販売元／(株)明治屋

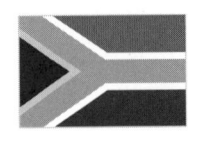

南アフリカ

広大で美しい自然と、穏やかな地中海性気候に育まれたスパークリングワイン

南アフリカは、温暖な地中海性気候に恵まれ、ケープタウン州を中心に、ブドウ栽培が盛んです。

また、品質レベルは非常に高く、コストパフォーマンスの高さから世界中で人気があります。

著名なワインコンクールで数多くの賞を受賞するなど、今、最も注目のスパークリングワイン生産地です。

KWV キュヴェ・ブリュット 白
KWV Cuvée Brut

しっかりとした酸味と、フルーティな香りを造り出す原料となるシュナン・ブラン種。これをベースに、シャルマ方式で造られたコストパフォーマンスの高いスパークリングワインです。

- ●コク／★★★ ●酸味／★★★★ ●香り／★★★★ ●原産国／南アフリカ ●生産地区／コースタル・リージョン地方 ●メゾン／KWV ●色／白 ●味／辛口 ●容量／750㎖ ●アルコール度数／12% ●価格／1,278円 ●輸入・販売元／国分（株）

South Africa ★ Sparkling Wine

KWV ドゥミ・セック 白
KWV Demi-Sec

シュナン・ブラン種特有のすっきりとした酸味に、リキュールのほんのりやさしい甘味で調和がとれた、やや甘口のスパークリングワイン。気軽に飲みたい一杯です。

●コク／★★★★ ●酸味／★★★ ●香り／★★★★ ●原産国／南アフリカ ●生産地区／コースタル・リージョン地方 ●メゾン／KWV ●色／白 ●味／やや甘口 ●容量／750㎖ ●アルコール度数／12% ●価格／1,278円 ●輸入・販売元／国分（株）

トラディション グラン キュヴェ モンロー
Tradition Grand Cuvée Monro

シャルドネ種40%、ピノ・ノワール種60%の伝統的な割合で造られています。3年間の熟成期間から生まれたトースト香や、桃やピーナッツの香りとコクがあり、余韻を楽しめます。

●コク／★★★★ ●酸味／★★★ ●香り／★★★★ ●原産国／南アフリカ ●生産地区／パール地区 ●メゾン／ヴィリエラ エステイト ●色／白 ●味／辛口 ●容量／750㎖ ●アルコール度数／12% ●価格／オープン価格 ●輸入・販売元／（有）アルコトレード・トラスト

トラディション ブリュット レッドラベル
Tradition Brut Red Label

瓶内二次発酵でも、造り手が一つ一つ手で瓶を回していくという昔ながらの製造スタイルで造られたスパークリングワイン。シュナン・ブラン種が爽やかな味わいを感じさせます。

●コク／★★★ ●酸味／★★ ●香り／★★★★ ●原産国／南アフリカ ●生産地区／パール地区 ●メゾン／ヴィリエラ エステイト ●色／白 ●味／辛口 ●容量／750㎖ ●アルコール度数／12% ●価格／オープン価格 ●輸入・販売元／（有）アルコトレード・トラスト

日本

ブドウ栽培、製法技術の向上によって
飛躍した日本のスパークリングワイン

日本では主に、山梨や長野、栃木、北海道などのワイナリーを中心に、国産スパークリングワインが造られています。

現在では栽培技術が進歩し、シャルドネなどの欧州ブドウ品種のほかに、地元品種などを使った良質のスパークリングワインが数多く造られています。

また、国内外のコンテストに入賞するなど、飛躍的に成長しています。

ドメイヌ・タケダ キュベ・ヨシコ 2001
Domeine Takeda Cuvée Yoshiko 2001

ワイナリー発展に尽くした現会長夫人を讃えて命名されたヨシコ。自社農園で収穫したシャルドネ種100%使用の本格スパークリングは、エレガントな味わいで余韻までも楽しめます。

●コク／★★★ ●酸味／★★★ ●香り／★★★★ ●原産国／日本 ●生産地区／山形県上山市 ●メゾン／タケダワイナリー ●色／グリーンがかったパール ●味／辛口 ●容量／750ml ●アルコール度数／11.5% ●価格／8,421円 ●販売元／(有) タケダワイナリー

148

Japan ★ Sparkling Wine

トカチスパークリングワイン ブルーム
Tokachi Sparkling Wine Bloom

1980年、シャンパーニュ方式によるスパークリングワインを国内で初めて販売した十勝ワイン。シャンパーニュ地方と同じ冷涼な環境で育ったブドウは、力強い酸味と、爽やかさの中にも深みのある味わいを醸し出します。

●コク／★★★★ ●酸味／★★★★★ ●香り／★★★★ ●原産国／日本 ●生産地区／北海道十勝地方 ●メゾン／池田町ブドウ・ブドウ酒研究所 ●色／白、ロゼ ●味／辛口 ●容量／750㎖ ●アルコール度数／12% ●価格／2,566円（ロゼも同じ）●販売元／池田町ブドウ・ブドウ酒研究所

トカチスパークリングワイン フィースト
Tokachi Sparkling Wine Feast

キレのある酸味とほのかな甘味のバランスがよく、白はジューシィなマスカット香と細かな泡立ちが爽やかな気分にさせてくれます。人気のロゼで使われる黒ブドウは、池田町が独自に開発した清見種を使用しています。

●コク／★★ ●酸味／★★★★ ●香り／★★★ ●原産国／日本 ●生産地区／北海道十勝地方 ●メゾン／池田町ブドウ・ブドウ酒研究所 ●色／白、ロゼ ●味／やや甘口 ●容量／720㎖ ●アルコール度数／11% ●価格／1,009円（白）、1,244円（ロゼ）●販売元／池田町ブドウ・ブドウ酒研究所

スパークリング ワイン キャンベル・アーリー
Sparkling Wine Campbell Early

数々の賞を受賞する注目のスパークリングワインです。美味しさの秘密はブドウの搾汁率を低くし、良質な果汁しか搾取しないため。飲みやすい味わいになっています。

●コク／★★★ ●酸味／★★★ ●香り／★★★★ ●原産国／日本 ●生産地区／宮崎県都農町 ●メゾン／都農ワイン ●色／ロゼ ●味／甘口 ●容量／750㎖ ●アルコール度数／9% ●価格／1,600円 ●販売元／(有)都農ワイン

スパークリング ワイン レッド
Sparkling Wine Red

日本産では珍しい赤のスパークリングワイン。濃厚な味わいの中にほのかな甘味が感じられ、渋味が苦手な人も気軽に楽しむことができます。特に肉料理との相性は抜群です。

●コク／★★★★ ●酸味／★★ ●香り／★★★ ●原産国／日本 ●生産地区／宮崎県都農町 ●メゾン／都農ワイン ●色／赤 ●味／辛口 ●容量／750㎖ ●アルコール度数／11% ●価格／1,600円 ●販売元／(有)都農ワイン

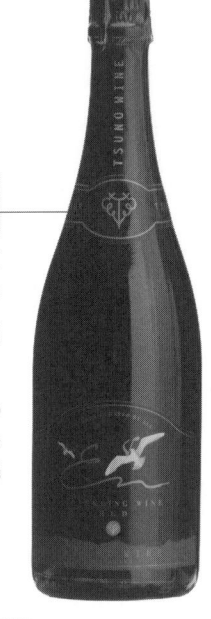

スパークリング ワイン うめ
Sparkling Wine Ume

梅の香りをベースに、柑橘系やジューシィな甘い香りがあふれ、梅特有の酸味と渋味がアクセントとなって清涼感あふれる夏向けの味わいに仕上がった甘口スパークリングワインです。

●コク／★★★ ●酸味／★★★★ ●香り／★★★★ ●原産国／日本 ●生産地区／宮崎県都農町 ●メゾン／都農ワイン ●色／白 ●味／甘口 ●容量／750㎖ ●アルコール度数／11% ●価格／1,600円 ●販売元／(有)都農ワイン

プレステージ・キュベ・のぼ・ヘキサゴン
Prestige Cuvée Novo Hexagon

日本のブドウ100％を使ったヴィンテージシャンパン6年分（92、93、95、96、98、01）をセットにした商品です。香りや味わいは各年ごとに違いますが、いずれもシャンパーニュ方式で造られた一級品です。

●コク／── ●酸味／── ●香り／── ●原産国／日本 ●生産地区／栃木県足利市田島町 ●メゾン／ココ・ファーム・ワイナリー ●色／白 ●味／ヴィンテージによってさまざま ●容量／750mℓ ●アルコール度数／10.6～12.4％ ●価格／120,000円（6本セット）●販売元／ココ・ファーム・ワイナリー

ぐらんのぼ1995
Grande Cuvée Novo brut

カリフォルニア自家農園のブドウと日本のブドウを使い、8年以上もの熟成期間を経て造られた、申し分ない品質の辛口スパークリングワインです。飲み頃は購入後から1～2年頃で、優雅で複雑な味わいを堪能することができます。

●コク／★★★★★ ●酸味／★★★ ●香り／★★★★ ●原産国／日本 ●生産地区／栃木県足利市田島町 ●メゾン／ココ・ファーム・ワイナリー ●色／銅褐色 ●味／辛口 ●容量／750mℓ ●アルコール度数／12.4％ ●価格／9,500円 ●販売元／ココ・ファーム・ワイナリー

サントネージュ スパークリングワイン ブリリア (白)
Ste.Neige Sparkling Wine Brillia (Blanc)

華やかなスパークリングワインを手軽に楽しめるアイテムとして登場した"ブリリア"シリーズの白。心地よくのどを通る泡とフレッシュな香り、フルーティでマイルドな甘さに仕上がっています。

●コク／★★ ●酸味／★★★ ●香り／★★ ●原産国／日本 ●生産地区／山梨県 ●メゾン／サントネージュワイン ●色／白 ●味／やや甘口 ●容量／360㎖、720㎖ ●アルコール度数／8％ ●価格／451円、804円 ●販売元／サントネージュワイン(株)

サントネージュ スパークリングワイン ブリリア (ロゼ)
Ste.Neige Sparkling Wine Brillia (Rosé)

厳選されたピノ・ノワール種のしなやかで自然体な味わいと、野イチゴのようなフルーティ香りが特徴のロゼ。キリッとした酸味とほどよいコクがさまざまな料理に合います。

●コク／★★ ●酸味／★★★ ●香り／★★ ●原産国／日本 ●生産地区／山梨県 ●メゾン／サントネージュワイン ●色／ロゼ ●味／やや甘口 ●容量／360㎖、720㎖ ●アルコール度数／8％ ●価格／451円、804円 ●販売元／サントネージュワイン(株)

サントネージュ スパークリングワイン ブリリア (赤)
Ste.Neige Sparkling Wine Brillia (Rouge)

"ブリリア"というネーミング通り、輝くルビーのような色合いの赤いスパークリングワイン。フランボワーズなどベリー系の赤い果実の香りに、コクのある深い味わいが印象的です。

●コク／★★★ ●酸味／★★ ●香り／★★★ ●原産国／日本 ●生産地区／山梨県 ●メゾン／サントネージュワイン ●色／赤 ●味／やや甘口 ●容量／360㎖、720㎖ ●アルコール度数／8％ ●価格／451円、804円 ●販売元／サントネージュワイン(株)

Japan ★ Sparkling Wine

信濃ワイン スパークリング ロゼ
Sinano Wine Sparkling Rosé

見た目も鮮やかなサクラ色に、爽やかに弾ける気泡、ブドウの豊かな香りがその場を華やかな雰囲気にし、心も躍るフルーティなやや甘口で飲みやすいスパークリングワインです。

●コク／★★★ ●酸味／★★★ ●香り／★★★★★ ●原産国／日本 ●生産地区／長野県塩尻市 ●メゾン／信濃ワイン ●色／ロゼ ●味／やや甘口 ●容量／720㎖ ●アルコール度数／11% ●価格／1,802円 ●販売元／信濃ワイン(株)

ゴイチ ナイヤガラ スパークリングワイン
Goichi Niagara Sparkling Wine

ナイアガラ種の独特でジューシィな甘さと香りが口の中で広がり、爽やかな酸味とコクが口当たりのよいスパークリングワイン。アペリティフやデザートワインとして楽しめます。

●コク／★★★ ●酸味／★★★ ●香り／★★★★ ●原産国／日本 ●生産地区／長野県塩尻市桔梗ヶ原 ●メゾン／林農園 ●色／白 ●味／やや甘口 ●容量／720㎖ ●アルコール度数／12% ●価格／1,593円 ●販売元／(株)林農園

COLUMN
「シャンパンとイチゴの不思議な関係」

　映画「プリティ・ウーマン」で、ジュリア・ロバーツが甘酸っぱいイチゴをほおばりながら、シャンパンを飲む名シーンがあります。これは、今でもオシャレなシャンパンの楽しみ方のひとつです。

　シャンパンはフルーツとの相性がよく、特にイチゴとの相性は抜群です。イチゴのフレッシュでやさしい甘酸っぱさが、シャンパン特有のキリッとした味わいを、口の中で引き立ててくれます。

　また、イチゴを1粒フルートグラスに落としてみましょう。黄金色のグラスの中で躍る真っ赤なイチゴが色合いもよく、何とも幻想的です。

　この2つの組み合わせは、もはやヨーロッパでは定番で、イタリア・ミラノの立ち飲みバーでは、イチゴをつまみながらシャンパンを飲むスタイルが定番となっています。

　イチゴはビタミンCが豊富で、抗酸化物質ポリフェノールの一種、アントシアニンが含まれているので、美容にも効果的です。そしてシャンパンに含まれる糖分は疲労回復効果がありますので、疲れた現代社会の女性には、シャンパンとイチゴは最適なマリアージュなのです。

「シャンパン・スパークリングワイン」を もっと楽しもう

> シャンパンとスパークリングワインを飲んでもっと楽しもうよ!!

「シャンパン・スパークリングワイン」を楽しむためのTPO

シチュエーション、目的を考えて「シャンパン・スパークリングワイン」を楽しみたい

「シャンパン」はその場も楽しくするお酒

シャンパン・スパークリングワインは、比較的どこでも購入できたり、飲む機会があるため、最近ではあまりTPO（T…時、P…場所、O…場合）を気にせず、誰でも気軽に楽しめる身近なお酒になりました。

しかし、シャンパンは「ワインの芸術品」といわれているように、香り、風味はもちろんのこと、特別なお酒であることは今でも変わりはありません。シャンパンは、パーティや披露宴などの祝いの席をはじめ、大切な記念日にいただければ、自然とその場の雰囲気を盛り上げてくれます。

そんなとっておきの日のために、シャンパンをより楽しく飲むためのTPOを紹介します。

―― シャンパンを楽しむ方法知ってるかい

―― TPOによってシャンパン・スパークリングワインを合わせることですよね！

どんな場でも合う辛口「シャンパン」

シャンパンやスパークリングワインは、どんな人と、どんな目的で飲むかによってどんなシャンパン・スパークリングワインを選ぶかが重要なポイントになってきます。

例えば、大切なお客様をお招きした時にはちょっと豪華にヴィンテージものを、クリスマスやお正月など、家族や気の合う仲間と一緒に過ごす時は、爽やかな辛口シャンパンであれば、どんな料理にも合います。

そして、招かれた時も、アペリティフ（食前酒）として、華やかな辛口シャンパンを手土産にすれば、喜ばれること間違いないでしょう。

ロマンチックに演出する「ロゼ・シャンパン」

恋人同士や、結婚式などロマンチックな演出をしたい時は、ロゼ・シャンパンが合います。ほのかなロゼピンクに、その中で躍る泡立ちをグラス越しで眺めれば何とも幻想的で、特に女性はうっとりした気分になれるでしょう。

辛口のロゼ・シャンパンは、ピノ・ノワール種が多く使われているものがほとんどで、味に深みがあるのが特徴で、肉料理などによく合います。

また、甘口のものは、デザートシャンパンとして食後の語らいに、甘口のものは、イチゴなどのフルーツや、ほろ苦甘いショコラとともに飲めば、忘れられない夜となるでしょう。

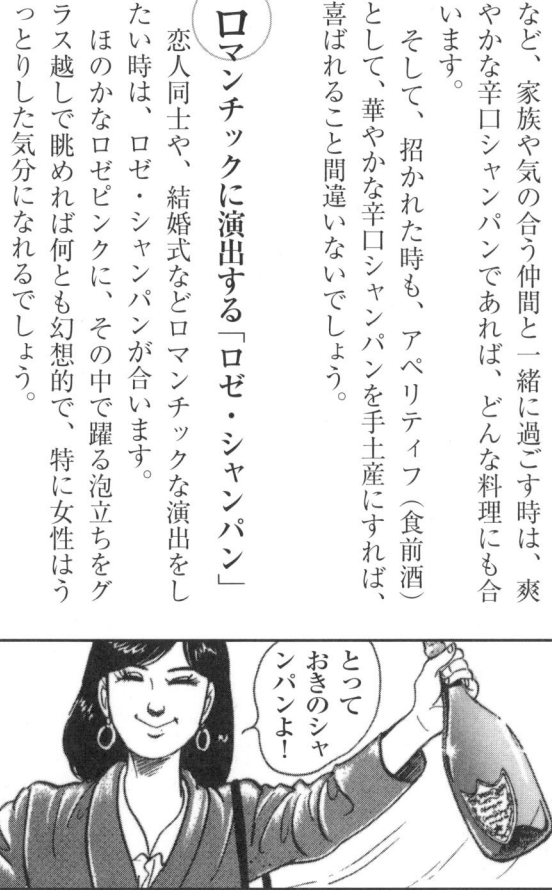

とっておきのシャンパンよ！

すごいじゃないか！これならどんな料理にも合わせられるぞ！

接待や大切なお客様をもてなす「シャンパン」

仕事上の接待や、大事なお客様をもてなす時にも、シャンパンは活躍します。

もてなす相手がシャンパン通なら、あらかじめリサーチをして、好みのものを用意しておきましょう。

シャンパンやワインにあまり詳しくない人でも、名前が知られている高級シャンパンを用意しておけば、まず大丈夫でしょう。キュヴェプレスティージュまではいかなくとも、ヴィンテージシャンパンならまず安心です。

「失礼します シャンパンを持って参りました」

「シャンパン」を楽しむ演出

シャンパン・スパークリングワインには、「高貴」「豪華」「祝い」を象徴するイメージがあります。また幸せな気分を表現するために、シャンパンを使って演出すると、気分もさらに高揚するに違いありません。

シャンパンで乾杯する

パーティを華やかな気分でスタートさせるため、シャンパンでの乾杯は、もはや定番です。また、シャンパンには、胃を刺激し食欲を高める作用もあるので、食前にいただけば食欲も増します。

誰もが歓喜に沸くシャンパンタワー

シャンパンタワーとは、シャンパングラスをタワー(塔)のように積み上げ、一番上のグラスからシャンパンを注ぎ入れます。上のグラスから下のグラスへと、シャンパンがこぼれ落ちる様は何とも幻想的で、誰もが憧れる豪華なパフォーマンスです。

こんな時に用意したい「シャンパン」

シャンパンは、パーティや宴会などの乾杯のお酒というおしゃれなイメージがありますが、もっと気楽に楽しみましょう。

シャンパンはいろいろなシチュエーションで使えるんだなぁ〜

パーティや宴会で

パーティでは乾杯・食前酒用として、キリッと爽やかな辛口のシャンパンがよいでしょう。またデザート用としてジューシィな甘口のシャンパンがあれば、長い時間でも楽しく談笑できます。

デートで

恋人同士で楽しく過ごしたい時は、食事中や食後にも合う辛口のロゼ・シャンパンがよいでしょう。シャンパンの風味はもちろん、鮮やかな色合いに吸い込まれるような泡立ちは、ロマンチックな気分に浸れます。

大切なお客様を招く時

大事なお客様をもてなす際は、いつものシャンパンではなく、とっておきのヴィンテージシャンパンを開けて歓迎したいものです。深い熟成香がするものは、気品を感じさせ、お客様もきっと満足するはず。

自宅で

誕生日やクリスマスなどホームパーティで、家族や気の合う仲間とシャンパンを楽しみましょう。気を使わずに飲める比較的安価なシャンパンやスパークリングワインで十分でしょう。また、白の辛口シャンパンを常備しておけば、急な来客時でも便利です。

野外で

お花見などの宴会でもいいですが、たまには天気のよい休日に、簡単なオードブルやサンドイッチなどを作り、シャンパンと一緒に川原や公園などでピクニックするのも楽しいでしょう。

COLUMN
「F1やメジャーリーグなどで勝利を祝うシャンパン」

　お祝い事にかかせないシャンパンは、スポーツ界でも勝利を祝うためのパフォーマンスとして使われています。
　代表的なものは、モーターレースの最高峰F1での表彰式で行われる「シャンパン・ファイト（シャンパン・シャワー）」です。
　これは通常（750㎖）サイズのものとは違い、ジェロボアムサイズ（3ℓ）を使います。ジェロボアムは、10～20人くらいで楽しめる大きさで、価格も通常の5～6倍はします。
　現在、F1の公式シャンパンとして有名なマム社のジェロボアムは、木箱つきのプレミア商品で、世界中のシャンパンフリークをはじめ、F1ファンからも注目されている貴重なアイテムです。
　また、メジャーリーグでも優勝の時はシャンパンが用意されます。ロッカールームで選手同士が勝利を喜び合い、シャンパンをかけ合うのです。ちなみに、このパフォーマンスに影響を受けたのは、日本のプロ野球の優勝時に行う「ビールかけ」です。

「シャンパンバー」での楽しみ方

最近話題の「シャンパンバー」は、大人の時間を過ごす注目の新スポット

「シャンパン」に魅せられた者が集う空間

「シャンパンバー」とは、その名の通り、シャンパン・スパークリングワインを専門に、また、それらを主に取り扱っているバーのことです。

シャンパンというと、高価なイメージがありますが、シャンパンバーでは、一杯から気軽にシャンパンやスパークリングワインを静かにゆっくりと楽しめる、まさに大人の空間なのです。

多くのシャンパンバーには、ヴィンテージがついた高級志向のもの、小規模メーカーで造られた貴重なシャンパン〝RM（レコルタン・マニュピュラン）〟を独自のルートで直輸入するなど、何十、何百種類ものシャンパンが充実しています。

また、大手シャンパンメーカーがプロデュースしたバーや、フラッと一人でも寄れる立ち飲みスタイルのものや、昼からシャンパンが楽しめるカフェバーや、レストランなど個性豊かな店があります。

静かなシャンパンバーで飲むシャンパンは最高だなぁ……

「シャンパンバー」で気をつけたいたしなみ

「ワインの芸術品」と呼ばれるシャンパン。そのシャンパンを専門的に扱ったバーを「シャンパンバー」と呼びます。店内はシャンパンを楽しむのにふさわしい空間が作られた個性的な店舗が多く、洗練された大人の時間を楽しむことができます。

フム！フム！これはためになるぞ！

服装

フォーマルな正装とまではいかなくても、男性はネクタイやジャケットなどを着用してシックに、女性はいつもより少しドレスアップをして出かければ、シャンパングラスをかたむける仕種も様になり、店内の雰囲気に溶け込んで、一層楽しくなります。カジュアルすぎたり、露出しすぎる格好は、場の雰囲気を壊す恐れがありますので、気をつけましょう。

身だしなみ

服装といっしょに、男女とも清潔感ある身だしなみを心がけましょう。特に女性は普段より少し入念にメイクアップをすれば、気分もまた違います。気をつけたいのは香水のつけすぎです。せっかくのシャンパンの香りを損なうだけでなく、近くに座った人にも迷惑をかけてしまうので、注意しましょう。

私たち三人の関係に乾杯!!

タバコ

タバコは味覚を鈍らせてしまう恐れがあるので、シャンパンを堪能したい日は吸わないことをおすすめします。また他のお客様の迷惑にもなるので控えましょう。

飲み方

シャンパンバーは、味覚を楽しむと同時に、バーの洗練された空間を楽しむ場所です。その場に合うような会話と、落ち着いた振る舞いをするよう心がければ、シャンパンの美味しさも一層引き立ちます。

> 驚いた。シャンパンバーでこんな美味しいシャンパンが飲めるなんて！

オシャレなオーダーの仕方

どの銘柄をたのんだらいいかわからない人は、あらかじめソムリエに予算と好みを伝えておきましょう。そうすれば、合うシャンパンをソムリエが選んでくれるので、迷わずスマートにオーダーすることができます。また、ボトルを１本空けられないと思ったら、グラスシャンパンでオーダーするようにしましょう。

> 私にまかせてくれれば大丈夫ですよ！

スマートな会計の仕方

初めてのデートなら男性側が、接待だったらホスト側が払うのが好ましいもの。相手がお手洗いなどで席を立っている間に、会計を済ませるのがベストタイミングです。もし相手が席を立たない場合は、自分がお手洗いへ行った帰りなどに会計を済ませてしまうのがスマートです。

> 二人で飲んでてよ。ボクちょっとトイレに行ってくるから……

シャンパンバー一覧

ちょっと気取った感じのするシャンパン。でも、ちょっとラフなスタイルでさまざまなシャンパンをいただけるのが「シャンパンバー」です。大切な人や友人たちと今宵、「シャンパンバー」でグラスをかたむけてみましょう。

※ここで紹介しているデータは、2006年12月現在のものです。

CHAMPAGNE BAR PREMIER
シャンパンバー プルミエ

日替わりでチョイスされる数種類のシャンパンを豪華なクリスタルグラスでいただく

落ち着いた雰囲気の店内のプルミエ。100種類以上も取り揃えられたシャンパンの中から、毎日数種類を選び、さまざまなクリスタルグラスに注いで提供してくれます。また、ハーフ、クォーターボトルも充実しており、飲み残しの心配もありません。

- おすすめシャンパン／マルキ ド サド ブリュット レゼルヴ
- 営業時間／19：00～翌4：00（ラストオーダー翌3：30）
- 定休日／日曜
- カード／可
- 住所／北海道札幌市中央区南5条西4丁目第20桂和ビル5F
- ☎／011-512-2229

ASSEMBLAGE
アッサンブラージュ

丸の内で働く人のライフスタイルに合わせたシャンパンバー 仕事帰りの「軽く一杯」もオシャレにいきたい

アッサンブラージュは、朝はカフェ、昼はハンバーガーランチ、そして夜はシャンパンバーと3変化し、夜のバーは約20銘柄のシャンパンと、それに合う約25種類の料理（つまみ）が用意されています。仕事帰りの一杯もオシャレにきめたい人にはピッタリです。

- おすすめシャンパン／ランソン ブラックラベル
- 営業時間／（月～金）7：30～23：30、(土日祝）9：00～21：30
- 定休日／無休
- カード／可
- 住所／東京都千代田区丸の内1-6-4 オアゾショップ＆レストランB1
- ☎／03-6212-6868
- URL／http://www.imonokura.com/assemblage/

CHAMPAGNE BAR
シャンパン バー

ギネスブックにも認定された豊富な銘柄の中から好みのシャンパンを見つけられる

約290種類のシャンパンを取り扱い、ギネスブックにも認定されたシャンパン バー。現在でもその保有数は世界有数を誇ります。予約をすれば立食で50名まで利用できるので、気の合う仲間とシャンパン・パーティなど開いてみては……。

- おすすめシャンパン／ジャンメアー、ローラン・ペリエをはじめ約290種類
- 営業時間／（月～金）17：00～24：00、(土）17：00～23：00
- 定休日／日曜、祝日
- カード／可
- 住所／東京都中央区銀座8-10-8 B1
- ☎／03-3575-0104
- URL／http://www.1.ocn.ne.jp/~brut/

Salon de Champagne "Vionys"
サロン ド シャンパーニュ〝ヴィオニス〟

'02年度の日本最優秀ソムリエがオーナーのバー
美味しいフレンチとともにシャンパンが楽しめる

日本を代表するソムリエ阿部誠氏がオーナーのシャンパンバー。250種類を超える豊富な品揃えで、フレンチの名店「イレール」の料理とともに楽しいひとときを過ごせます。また、シャンパングラスも日替わりで4種類の中から選ぶことができます。

- おすすめシャンパン／小規模な生産者(RM)によるもの
- 営業時間／18：00〜翌2：00ラストオーダー、(土)18：00〜23：00ラストオーダー(23：30閉店)
- 定休日／日曜、祝日
- カード／可
- 住所／東京都中央区銀座8-8-18 銀座8818ビル3F
- ☎／03-5537-0700
- URL／http:/www.vionys.com/champagne

Degaulle
ドゴール

ちょっとシャンパンが恋しくなったら
立ち飲みシャンパンバーへ足を運びたい

本場フランスではポピュラーな、立ち飲みスタイルのシャンパンバー。店内はシックなモノトーンを基調とする空間で、落ち着いた印象を与えます。軽くチョコレートをつまみながらフラッと気軽にシャンパンが飲めるスタイルが人気を呼んでいます。

- おすすめシャンパン／ヴーヴ・クリコ ローズラベル
- 営業時間／17：00〜24：00
- 定休日／日曜、祝日
- カード／可
- 住所／東京都中央区銀座8-5-24 GINZA BOSSビル1F
- ☎／03-6218-0272

Brumedor
ブリュームドール

別荘をイメージして造られた、開放感ある店内
リゾート気分でゆっくりとシャンパンを味わいたい

22時までイタリアンレストランとして営業。その後バータイムへ。店内は地下にもかかわらず、天井が高くなっているので開放的な気分が味わえます。石や木を使ったインテリアで、心落ち着ける空間が演出されています。

- おすすめシャンパン／フランソワーズ・ベデルブリュット, ジャニッソンヴァラドン ヴァンドヴィル(※ハートラベル)
- 営業時間／(月〜木)18：00〜翌2：00(ラストオーダー翌1：00)、(金土日祝の前日)18：00〜翌4：00(ラストオーダー3：00)
- 定休日／日曜
- カード／可(ほとんどのカードに対応)
- 住所／東京都港区西麻布1-2-12 デュオスカーラ西麻布EAST B1
- ☎／03-3470-4505
- URL／http:/www.inthegluve.jp/brunedor/

Shu!
シュッ！

オシャレな空間でいただく希少なシャンパンで
大切な人と、贅沢な時間を共有したい

店内の赤い壁には、一点もののアーティスト絵画がセンスよく飾られ、とびきりアートでオシャレな演出をしています。常時約200点もの銘柄の中からここでしか味わえない希少なシャンパンをいただけば、最高に贅沢な時を過ごすことができます。

- おすすめシャンパン／価格も味わいも、お客様のご気分や季節で提供
- 営業時間／20：00〜翌2：00
- 定休日／日曜、祝日
- カード／可
- 住所／東京都港区六本木3-8-1 サンアネックスビル1F
- ☎／03-5414-1690
- URL／http:/www.bar-shu.com

The Champagne Bar
東京全日空ホテル シャンパン・バー

落ち着いた雰囲気の中でいただくシャンパン
日々の喧噪を忘れられる大人のオアシス

開放的な空間が自慢のシャンパンバー。13～15種類のシャンパンのほか、女性限定サービス〝ハッピーアワー〟（平日17：00～20：00までの間）ではフリードリンク制の特別メニューがあり、とても人気です。

- おすすめシャンパン／ルイ・ロデレール ブリュット プルミエ、ボル・ロジェ ブリュット レゼルヴなど
- 営業時間／11：30～23：00
- 定休日／無休
- カード／可（ほとんどのカードに対応）
- 住所／東京都港区赤坂1-12-33 東京全日空ホテル3F
- ☎／03-3505-1111(代)
- URL／http://www.anahotels.com/tokyo

Albente -Champagne Cafe-
シャンパーニュカフェ アルベンテ

カフェでゆっくりお茶を飲む感覚で
シャンパンを飲みながら有意義な時間を過ごしたい

「昼間から堂々と飲める店」をコンセプトに、気軽にシャンパンがいただけるカフェ＆バー。常備60種類以上の銘柄の中から選べます。季節のフルーツを使ったシャンパンソルベやシャンパンに合う料理も用意しています。

- おすすめシャンパン／ジャックセロス・ブラン・ド・ブラン、リュイナール、ゼティノア
- 営業時間／12：00～翌5：00
- 定休日／無休
- カード／可
- 住所／東京都渋谷区恵比寿西1-15-10 第6横芝ビルB1
- ☎／03-3464-2578

Agores
アゴレス

まるで秘密の地下洞窟をイメージした空間で
こだわりショコラとシャンパンを堪能

話題のショッピングモール、神宮前b6（ビーロク）内に店舗を構えるアゴレスは、日本でも珍しいボンボンショコラとシャンパンを楽しめる専門店。神宮前の地下洞窟をコンセプトに、洗練された空間で、オシャレに時間を過ごすことができます。

- おすすめシャンパン／ランソン ブラックラベル
- 営業時間／11：00～21：00
- 定休日／無休
- カード／可
- 住所／東京都渋谷区神宮前6-28-6 b6 B1
- ☎／03-3400-7075
- URL／http://agores.jp/

Champagne Dining Rain
シャンパンダイニング レイン

あらゆるスパークリングワインが楽しめる
毎日でも寄りたい居心地よいダイニングバー

こだわりのシャンパンと、各国のスパークリングワインを豊富に取り揃え、それらに合う創作イタリアン料理でもてなすダイニングバーです。イタリアンと発泡性ワインとの相性は抜群です。特に辛口スプマンテとはよく合います。

- おすすめシャンパン／マム コルドン ルージュ ブリュット、ローランペリエ
- 営業時間／(月～金)11：30～24：00、(土・日)15：00～24：00
- 定休日／無休
- カード／可
- 住所／神奈川県横浜市中区山下町194 外丸ビルB1
- ☎／045-663-0796

LA COUPE DE CHAMPAGNE
ラ・クープ・ド・シャンパーニュ

**明るい店の雰囲気が魅力的で、気取らず飲める
名古屋初の老舗シャンパンバー**

約100種類の銘柄のほかに、日本に正規輸入されていないレアなシャンパンまで用意されています。白を基調とした明るい雰囲気の店内に、現在のところ女性スタッフのみで編成され、女性が1人でも気軽に入りやすいような店づくりをしています。

- おすすめシャンパン／アランロベール・メニル・トラディション'86、ジョセフ・ペリエ ジョゼフィーヌ'95
- 営業時間／17：00～24：00
- 定休日／日曜、祝日
- カード／可
- 住所／愛知県名古屋市中区丸の内3-16-34 withyビル1F
- ☎／052-961-8716
- URL／http://www.japanwineclub.com/

20, AVENUE DE CHAMPAGNE
ヴァン アヴェニュー ド シャンパーニュ

**シャンパンを最高に美味しく飲むためにつくられた
まさにシャンパンのためのレストラン**

日本初のモエ・エ・シャンドン社公式レストラン。豪華でオシャレな店内の中で、モエ・エ・シャンドンやドン ペリニヨンの全ラインナップのほか、貴重なヴィンテージシャンパンを楽しめます。また、料理は素材を生かしたライト・フレンチで、シャンパンとよく合います。

- おすすめシャンパン／モエ・エ・シャンドン、ドンペリニヨンの全ラインナップ
- 営業時間／（月～金）11：00～翌2：00ラストオーダー、（日祝日）11：30～23：30ラストオーダー
- 定休日／不定休
- カード／可
- 住所／愛知県名古屋市東区東桜1-10-33 Rアベニュー1F
- ☎／052-957-3331
- URL／http://www.zetton.jp/

LE CABARET
ル・キャバレ

**シャンパン＆シガーを気軽に楽しめる空間
ハイセンスな大人の雰囲気を味わってみたい**

大阪の中心地に店を構える「ル・キャバレ」。カフェやサロン、バールといったさまざまなスタイルで、シャンパンとシガーを楽しむことができます。リーズナブルな価格でシャンパンを堪能することができる、まさに大人の隠れ家です。

- おすすめシャンパン／モエ・エ・シャンドン
- 営業時間／（月～木）17：00～翌2：00、（金・土）17：00～翌5：00、（カフェ）13：00～17：00
- 定休日／日曜、祝日
- カード／VISA、JCB、AMEXなど
- 住所／大阪府大阪市中央区本町4-5-4
- ☎／06-6535-8201
- URL／http:www.le-cabaret.jp

CHAMPAGNE ET SUSHI CUISINE 萌 -MOET-
シャンパーニュ エ スシ キュイジーヌ 萌

**シャンパンバーと寿司屋を融合した新しいスタイル
シャンパンと和食、お寿司との相性は抜群**

人気の地シャンパンを中心に、約30種類の銘柄が揃うシャンパンバーです。一緒にいただく料理は、自慢の創作和食と寿司。特に寿司はシャンパンに合うように、ソースやシャリ（ごはん）、酢など趣向を凝らしています。

- おすすめシャンパン／小規模で生産量の少ない地シャンパン（RM）
- 営業時間／18：00～翌2：00（ラストオーダー24：00）
- 定休日／日曜、祝日
- カード／可（ほとんどのカードに対応）
- 住所／大阪府大阪市中央区南船場4-10-13 HUQUE BLDG 2F
- ☎／06-6258-7545

Champagne Bar Apres
シャンパンバー アプレ

流行発信基地、神戸の繁華街に店を構える「アプレ」ライフスタイルにこだわる神戸っ子の舌をうならせる

幅広いお客様に満足していただくため、厳選した小規模経営メゾンから直輸入したシャンパンをグラスで提供しています。また常備25アイテムの中から3〜5種のシャンパンを飲み比べもできるので、初心者でも楽しめます。

- おすすめシャンパン／エドモンド・バルノー（直輸入）
- 営業時間／15：00〜24：00
- 定休日／日曜、祝日
- カード／可（ほとんどのカードに対応）
- 住所／兵庫県神戸市中央区三宮町3-9-24 月原ビル1F
- ☎／078-331-1117
- URL／http:www.champagne-apres.com

Champagne Bar Triton
シャンパンバー トリトン

旬のフルーツをふんだんに使い、シャンパンと割ったオリジナルカクテルで、季節を感じる

約120種類もの豊富なシャンパンボトルは九州随一。日替わりで用意される2種類のグラスシャンパンのほか、シャンパンベースのカクテルや、旬のフルーツをふんだんに使った季節限定のシャンパンカクテルは、トリトンの人気アイテムです。

- おすすめシャンパン／セルジュ・マチュー ブリュット・セレクト
- 営業時間／19：00〜翌4：00
- 定休日／無休
- カード／可
- 住所／福岡県福岡市中央区大名1-10-21 内山56ビル2F
- ☎／092-721-0105

Le Pied Noir
ル・ピエ・ノワール

古都の落ち着いた雰囲気の中でいただくシャンパンはまた格別の味わい

花街として知られる京都・先斗町に佇むル・ピエ・ノワール。厳選されたシャンパン、シャンパンを使ったカクテルなど、オシャレな雰囲気の中で楽しむことができます。また、金・土・日・祝日は限定で、特選グラスシャンパンを提供しており、大変人気があります。

- おすすめシャンパン／モエ・エ・シャンドン ブリュット アンペリアル
- 営業時間／19：00〜翌1：00（ラストオーダー24：30）
- 定休日／無休（年末年始も営業）
- カード／可
- 住所／京都府京都市中京区木屋町蛸薬師196-1F（先斗町市営駐輪場側）
- ☎／075-255-3889
- URL／www.champagne-bar.com

COLUMN
「日本人とシャンパンの出会い」

　日本人とシャンパンの出会いは、今から約150年前までさかのぼります。

　1853年（嘉永6）、ペリー提督を乗せた黒船が浦賀沖へ来航した時、応対した浦賀奉行が初めてシャンパンを飲んだとされています。

　翌年、ペリーが再び来航した時は、シャンパンを幕府に献上したことから喜ばれ、開国への潤滑油としての役目を果たしたといっても過言ではありません。

　明治時代になると、外国人接待所として建てられた「鹿鳴館」で毎晩のように開かれる舞踏会で、高級シャンパンが振る舞われたとされています。当時、よく飲まれていたのは、外国の高級シャンパンでした。

　そこで、もっとシャンパンを大衆化させるため、日本でも造れないかと考え、日本初の国産スパークリングワイン会社として1916年（大正5）「帝国シャンパン株式会社」が発足します。

　西欧文化の象徴として華々しいスタートではあったものの、出来上がったスパークリングワインの品質は非常に悪く、それから間もなく会社は倒産してしまいます。

　その後、日本で本格的にスパークリングワインが造られるようになるのは、それから約60年後の1980年代に入ってからのことです。

知っておきたい料理との相性

華やかな酔い心地をもっと楽しむ揚げ物や和食との組み合わせも

「シャンパン・スパークリングワイン」と料理の組合せのコツを覚えたい

シャンパン・スパークリングワインは、酸味と甘味、アルコールのバランスが大切ですが、その特徴を殺さない料理、料理をより引き立てるシャンパン・スパークリングワインの選択が重要になります。

シャンパン・スパークリングワインの酸味があるものは、ヴィネガーを使用したサラダ風料理、マリネ、白身魚（スズキ、マダイ、カレイ、アマダイ、ヒラメなど）の刺し身によく合います。

れんこんのエビはさみ揚げ、カレイの唐揚げなどの揚げ物や天ぷら（塩で食べるもの）には、酸味の強いシャンパンやスパークリングワインであれば、口の中の油をすっきりと洗い流してくれる役割をします。

これだけ覚えればもう安心意外と簡単な料理との相性

白ブドウだけで造られた、ブラン・ド・ブランは、酸味が強く、口当たりが軽いのが特徴です。酸味があるので、酢でしめたサバやイワシ、イカ、タコなどの酢の物や和え物、おひたしなどの和食にも合います。

黒ブドウだけで造られた、ブラン・ド・ノワールは、コクがあり、しっかりした味わいが特徴です。酸味のある料理はもちろんのこと、揚げ物、肉料理にも比較的合います。

フルーツ香のあるロゼ・スパークリングワインは、とてもフルーティで甘味がありますから、酸味の柔らかい料理、あっさりした味つけの料理や甘い味つけの料理に適しています。

シャンパン・スパークリングワインと料理の相性早見表

※ C＝シャンパン、S＝スパークリングワイン

● 魚介類

食材	調理法	味つけとソース	C&Sの種類
スズキ	薄造り	ヴィネガー（酢）	酸味のしっかりしたもの
マダイ	刺し身	醤油・わさび	酸味のしっかりしたもの
	カルパッチョ	ヴィネガー（酢）	酸味のしっかりしたもの
アジ・イワシ	刺し身	醤油・わさび	酸味のしっかりしたドライなもの
サバ	しめサバ	ヴィネガー（酢）	酸味のしっかりしたドライなもの
マグロ（大トロ）	刺し身	醤油・わさび	コクと深味のあるもの
ヒラメ	刺し身	ポン酢	コクと深味のあるもの
イカ類	刺し身	醤油・わさび	酸味のしっかりしたドライなもの
アサリ	酒蒸し	日本酒	酸味のさっぱりしたもの
カキ	ワイン蒸し	白ワイン	酸味のしっかりしたもの
	フライ	タルタルソース	甘味のさっぱりしたロゼ
ホタテ	刺し身	醤油・わさび	酸味のしっかりしたもの
車エビ	天ぷら	塩	酸味のしっかりしたもの
	フライ	タルタルソース	適度な酸味のあるもの

● 肉類

食材	調理法	味つけとソース	C&Sの種類
鶏肉	焼き鳥（胸・もも）	塩	酸味のさっぱりしたもの
	棒棒鶏	味噌・ごま	甘味のさっぱりしたロゼ
	刺し身（ささみ）	醤油・わさび	酸味のしっかりしたもの
牛肉	しゃぶしゃぶ	ごまだれ・ポン酢	甘味のさっぱりしたロゼ
	カルパッチョ	オリーブオイル	コクと深味のあるもの
	ユッケ	ごまだれ・生卵	甘味のさっぱりしたロゼ
豚肉	とんカツ	ソース	甘味のさっぱりしたロゼ / 酸味のしっかりしたもの

● その他

食材	調理法	味つけとソース	C&Sの種類
キャビア	生	レモン	酸味のしっかりしたもの
からすみ	塩漬け	───	コクと深味のあるもの
しいたけ	網焼き	レモン・塩	コクと深味のあるもの
まつたけ	網焼き	レモン	コクと深味のあるもの
	土瓶蒸し	だし汁	コクと深味のあるもの

※ここで紹介した食材は一例です。シャンパンとスパークリングワインに合う食材をいろいろ試してみてください。

「シャンパン・スパークリングワイン」に合うつまみ

チーズや酸味の効いた一品といただく一杯は、格別の美味しさ

シャンパンとスパークリングワインを楽しむ時、美味しいおつまみがあれば、より楽しい時間を過ごすことができます。

シャンパンとスパークリングワインに一番相性のよいおつまみはやはりチーズです。チーズはそのまま食べるのもよいですが、たまにはちょっと手を加えておつまみを作ってみるのもよいでしょう。

酸味のあるシャンパン・スパークリングワインは酸味の効いた料理との相性も抜群です。

ここで紹介するレシピをマスターすれば、急な来客時でもお客様を盛大にもてなすことができ、きっと喜ばれることでしょう。

カマンベールフォンデュ

あつあつトロトロのカマンベールチーズは、辛口シャンパンとの相性が抜群

● 材料（2人分）
カマンベールチーズ……1個　　にんじん……………………適宜
白ワイン……………大さじ1　　ウィンナソーセージ……1本
フランスパン……………適宜　　プチトマト………………2個
ブロッコリー……………適宜

● 作り方

1. フランスパンを一口大に切ります。プチトマトは水洗いし、へたを取って水けを拭き取ります。ブロッコリー、にんじん、ウィンナソーセージは一口大に切り、好みの堅さにゆでます。各材料を串に刺しておきます。

2. カマンベールチーズは、へりの部分を7〜8mm残して上のカビの部分を丸く切り抜き、皿にのせます。

3. 2の切り抜いた部分に白ワインを注ぎ、電子レンジで30秒加熱し、チーズが溶けてきたらスプーンでワインとチーズが混ざるようにかき混ぜ、もう一度30秒加熱します。

4. 3に1をつけていただきます。

牛肉のカルパッチョ サラダ添え

牛肉のうまみをストレートに表現
ロゼのスパークリングワインでいただきたい

● 材料（2～3人分）

牛もも肉（筋の少ない生食できるもの）…150～200g
マーシュ ……………………………………適宜
トレヴィス …………………………………適宜
エンダイブ …………………………………適宜
アンディーブ ………………………………適宜
レモン汁 ……………………………………適宜
エクストラ・バージン・オリーブオイル …適宜
塩、こしょう ……………………………各適宜

● 作り方

1 牛もも肉は薄めにスライスしたらラップをかけ、上から肉たたきや包丁の背で軽くたたき、薄くのばしたら皿の上に並べます。

2 1の肉に上から塩、こしょうをふりかけ、ラップをして冷蔵庫に約30分入れ、肉を引き締めます。

3 マーシュ、トレヴィス、エンダイブ、アンディーブは水洗いして水けをよくきり、大きいものは適当な大きさに切ります。

4 ボウルにエクストラ・バージン・オリーブオイルとレモン汁（3：1）を入れてドレッシングを作ります。

5 4のボウルに3を入れ、ドレッシングを少しずつ加えて全体を軽く混ぜ合わせて味を調えます。

6 2の牛肉の上に5の野菜をのせ、仕上げに5の残ったドレッシングを回しかけます。

車エビのマリネ

ビネガーとオリーブオイルが効いた車エビ
さっぱりした味はシャンパンとよく合う

● 材料（2人分）

車エビ ………………………………小4尾
にんじん ……………………………1/6本
玉ねぎ ………………………………1/4個
レモン ………………………………1/6個
パセリ（みじん切り）………………1/4枝分
チャイブ ……………………………適宜
サラダ油 ……………………………大さじ2
酢または白ワインビネガー ………大さじ1
塩 ……………………………………小さじ1/2
こしょう、砂糖 ……………………各少々
小麦粉 ………………………………適宜
揚げ油 ………………………………適宜

● 作り方

1 にんじんは皮をむいてせん切りにし、玉ねぎは皮をむいて薄切りにし、レモンは薄い半月切りにします。

2 ボウルにサラダ油、酢、塩、こしょう、砂糖を入れよく混ぜ合わせてドレッシングを作ったら、1の野菜を入れて混ぜ合わせます。

3 車エビは背わたを竹串などで抜き、小麦粉をまぶして170℃に熱した揚げ油に入れて揚げ、熱いうちに2に入れて漬け込み、冷蔵庫に1日置いて味をなじませます。

4 3の野菜類を皿に敷き、3の車エビをのせ、パセリ（みじん切り）とチャイブを飾ります。

「シャンパン・スパークリングワイン」を使った料理

「飲み残し」も上手に使えば上品な味わいに仕上がる

シャンパンやスパークリングワインは、火を通して使うものでしたら、他のワインと同じような用途で料理に使用しても大丈夫です。むしろシャンパンやスパークリングワインは香りが高いので、蒸し物などに使えば香り高く、美味しく仕上がります。

また、シャンパンを料理酒としてわざわざ栓を開けてしまうのはちょっともったいないので、飲み残したものや気が抜けてしまったものを利用するとよいでしょう。

ここではシャンパン、スパークリングワインを使った料理、デザートを紹介しています。

シャンパン風味の焼きハマグリ

あつあつのハマグリにかけたシャンパンソースの香ばしい香りと風味が食欲をそそる

● 材料（2人分）

ハマグリ（生）……………4個	醤油 ………………適宜
シャンパン ……………適宜	レモン汁 …………適宜
エシャロット（みじん切り）	塩、こしょう ……各少々
……………………½本分	

● 作り方

1 ボウルなどにシャンパンを入れ、それにエシャロット（みじん切り）、醤油、レモン汁、塩、こしょうを合わせておきます。

2 ハマグリのチョウツガイを切り取って焼きます。

3 2のハマグリの殻が開いたら、**1**をかけて軽く焼いて出来上がりです。

タラの蒸し煮

シャンパンで蒸したタラはふっくら香り高く
トロリとしたバターソースでいただく

● 材料（2人分）

塩タラ	2切れ
シャンパン（塩抜き用）	$\frac{1}{6}$カップ
こしょう	少々
玉ねぎ	$\frac{1}{4}$個
にんじん	$\frac{1}{4}$本
バター（蒸し用）	少々
シャンパン、水	各$\frac{1}{4}$カップ
パセリ（みじん切り）	少々
バター（ソース用）	大さじ2

● 作り方

1 玉ねぎとにんじんは薄切りにしておきます。

2 塩タラはさっと水洗いして水けをよく拭き、シャンパン（$\frac{1}{6}$カップ）に20分ほど浸して塩抜きをして水けをよく拭き、こしょうをふります。

3 バターをぬった平鍋に、**2**のタラを並べ入れ、**1**の野菜を上にのせ、シャンパン（$\frac{1}{4}$カップ）と水を注ぎ入れます。

4 ふたをして中火にかけ、4〜5分蒸し煮にします。タラに串を刺して透明な汁が出れば煮上がりです。皿に盛り、野菜をのせます。

5 鍋に残った煮汁は中火で大さじ1杯分まで煮詰め、冷たいバターを加えて火を止め、徐々に溶かしてバターソースを作ります。

6 パセリ（みじん切り）を**5**のバターソースに入れ、**4**にかけます。

じゃがいものシャンパン蒸し煮

アンチョビの塩味が効いたじゃがいも蒸し煮
シャンパンの香りが鍋の中に広がる

● 材料（4人分）

じゃがいも	4個
玉ねぎ	大1個
アンチョビフィレ	2〜3枚
バター	30g
塩、こしょう	各少々
シャンパン	50ml
パセリ（みじん切り）	大さじ3

● 作り方

1 じゃがいもの皮をむき、厚さ2〜3mmの薄切りにし、水にさらしてアクを抜きます。玉ねぎは薄めのくし形切りにします。アンチョビフィレはあらみじん切りにします。

2 厚手の鍋にバターを熱して、**1**のじゃがいも、玉ねぎ、アンチョビフィレを入れ、強火で炒めて塩、こしょうで味をつけます。

3 シャンパンを全体に回しかけ、ふたをして柔らかくなるまで煮ます。

4 **3**を皿に盛りつけ、パセリ（みじん切り）を散らします。

ホタテのローストシャンパン風味

ジューシィなホタテの磯の香りを
シャンパンで仕上げた大人の味わい

● 材料（2人分）
- ホタテ貝（殻つき）……………6個
- エクストラ・バージン・オリーブオイル …適宜
- 塩、こしょう ……………………各適宜
- シャンパン ………………………適宜
- イタリアンパセリ（みじん切り）……適宜

● 作り方

1. 貝むき用のナイフかステーキナイフで、貝のつけ根の方から差し込み、ナイフで殻を押し上げるようにして殻を開き、ナイフの刃先を動かして、ホタテ貝の身と殻を離します。

2. 1のホタテ（片方の殻つき）を天板に並べ、ホタテに塩、こしょう、エクストラ・バージン・オリーブオイルとシャンパンをふりかけます。

3. 200℃にあたためたオーブンに2を入れて10～15分焼き、軽く焼き色がついたら取り出し、皿に盛り、イタリアンパセリ（みじん切り）を散らします。

アサリのワイン蒸し

スパークリングワインで蒸したアサリの
うまみがギュッと詰まった最高の一品

● 材料（4人分）
- アサリ（砂出ししたもの）……………500g
- トマト ……………………………中1個
- にんにく …………………………1かけ
- サラダ油 …………………………大さじ1
- スパークリングワイン ……………1カップ
- 塩、こしょう ……………………各少々
- バター ……………………………大さじ1
- パセリ（みじん切り）……………小さじ1

● 作り方

1. アサリは手でこすり合わせながら水洗いし、表面の汚れを取り除きます。

2. トマトはヘタを取り、包丁で皮をむいて横半分に切ってスプーンで種を取り除き、あらみじんに切ります。

3. にんにくは皮をむいてみじん切りにします。

4. フライパンにサラダ油を入れて中火で熱し、3のにんにくを炒め、香りがたってきたら、2のトマトを入れて強火で炒めます。

5. 4に1のよく水けをきったアサリを加え、全体にからんだらスパークリングワインを加えてすぐにふたをし、強火でアサリの殻が開くまで蒸し煮にします。

6. アサリの殻が開いてきたら、仕上げに塩、こしょう、バターを加えて味を調え、器に盛り、パセリ（みじん切り）を散らします。

アスティ・スプマンテ風味のシャーベット

**イタリアの代表的スパークリングワイン
アスティ・スプマンテを使った冷んやりデザート**

● 材料（4人分）

アスティ・スプマンテ	175㎖
レモン汁	1/4個分
シュガーシロップ	150㎖
卵白	1/2個分
ミントの葉	適宜

● 作り方

1. 小鍋にアスティ・スプマンテを入れ、火にかけてアルコール分をとばし、あら熱を取ってから冷蔵庫に入れて冷ましておきます。
2. ボウルにシュガーシロップ、1のアスティ・スプマンテ、レモン汁を入れて泡立てないようによく混ぜ合わせます。
3. 2をバットに流し入れ、ふた（またはラップなど）をして冷蔵庫に入れて軽く固めます。
4. ボウルに卵白を入れ、泡立て器で空気を入れるように泡立て、白くふわっとしたメレンゲ状にします。
5. ミキサーに3を入れ、4のメレンゲを加えて、ふわっとなるまで撹拌します。
6. 5を再びバットに入れ、ゴムベラなどで平らにならし、ふたをして冷凍庫で凍らせます。固まったらスプーンなどですくって器に盛り、ミントの葉を飾ります。

スパークリングワインのリゾット

**スパークリングワインの香りに
チーズのコクが美味しい大人のリゾット**

● 材料（2人分）

米	1カップ
辛口スパークリングワイン	120㎖
バター	60g
玉ねぎ	1/4個
ローリエ	1/2枚
ブイヨン	200㎖
パルミジャーノチーズ	適宜

● 作り方

1. 玉ねぎをみじん切りにし、鍋にバター20gを溶かしたところに、ローリエと一緒に加えて炒めます。
2. 1の玉ねぎがしんなりしてきたら、米を洗わずにそのまま加え、米の一粒一粒に油をからめるようによくかき混ぜながらしばらく炒めます。
3. 2の米が透明になったら、スパークリングワインを入れ、完全に水分がとび、鍋底にこびりつくくらいまで煮つめます。米はかき混ぜません。
4. 3に、沸騰させたブイヨンを少しずつ加えて軽くかき混ぜます。そのまま煮て、たまにゆっくり混ぜながら、米を好みの堅さで煮ます。たまに少しだけ食べて堅さをみるとよいでしょう。
5. 4の米が煮えたら火を止め、バター40gとパルミジャーノチーズをすりおろして入れ、さっとあえます。もし水分が多いようなら、バターだけを加えてちょうどいい水加減まで煮詰め、そのあと火を止めてチーズをふって仕上げるとよいでしょう。

「シャンパン・スパークリングワイン」で作るカクテル

キリッとした味わいを生かしたおしゃれなカクテルを楽しもう

シャンパン・スパークリングワインをそのまま飲むのも美味しいのですが、たまには、カクテルでシャンパン・スパークリングワインを楽しんでみましょう。

シャンパンやスパークリングワインは、爽やかな酸味とほのかな甘味、炭酸があるので、含まれているフルーティなリキュールや甘味のあるジュースとの相性もよく、ちょっと手を加えれば美味しいカクテルを作ることができます。

特に辛口のシャンパンは、キリッとした味わいが特徴なので、フルーツ系のリキュールとの相性はとてもよいのです。

ここでは、シャンパン・スパークリングワインを使用した、手軽にできるカクテルレシピと、友達などを呼んだちょっとしたパーティなどでも使用できるレシピを紹介していますので、気軽に挑戦してみましょう。

●使用する道具

各シャンパングラスのほかに、かき混ぜるのに必要なバースプーン、そして正確に計量するためのメジャーカップを用意すれば大丈夫です。

●注意点

シャンパン・スパークリングワインは、決してシェーカーなどでシェイクしないようにしましょう。

シャンパン・スパークリングワインは発泡性なので、ものを使えば、美味しくなります。泡立ちが命なので、ステアする際も、やさしくかき混ぜるようにすれば、カクテルも美しく仕上がります。

メジャーカップ

バースプーン

シャンパン・カクテル

**黄金色のグラスの底で静かに沈む
角砂糖の放つ泡が、はかなげに揺れる**

● 材料

シャンパン	適量
アンゴスチュラ・ビターズ	1dash
角砂糖	1個
スライスレモン	1枚

● 用具・グラス
ソーサ型シャンパングラス

● 作り方

1. アンゴスチュラ・ビターズで浸した角砂糖をソーサ型シャンパングラスに入れます。
2. 1に冷やしたシャンパンを注ぎ、スライスレモンを入れます。

キール・ロワイヤル

**王家をイメージしたワンランク上の
贅沢なシャンパン・カクテル**

● 材料

シャンパン	60mℓ
クレーム・ド・カシス	10mℓ

● 用具・グラス
バースプーン、フルート型シャンパングラス

● 作り方

1. フルート型シャンパングラスに冷やしたクレーム・ド・カシスを入れます。
2. 1に冷えたシャンパンを加え、バースプーンでステアします。

ベリーニ

**ネクターの爽やかな甘さは
スパークリングワインとの相性が抜群**

● 材料

スパークリングワイン	グラス 2/3
ピーチネクター	グラス 1/3
グレナデンシロップ	1 dash

● 用具・グラス
バースプーン、シャンパングラス

● 作り方

1. シャンパングラスに冷やしたピーチネクター、グレナデンシロップを入れます。
2. 1に冷やしたスパークリングワインを注ぎ、バースプーンでステアします。

キール・インペリアル

**甘い風味のフランボワーズを
シャンパンで割った上品なカクテル**

● 材料

シャンパン	適量
フランボワーズリキュール	5mℓ

● 用具・グラス
バースプーン、フルート型シャンパングラス

● 作り方

1. フルート型シャンパングラスに、フランボワーズリキュールを入れ、冷やしたシャンパンを加え、バースプーンでステアします。

※ 1dashとは、ビターズボトルをひと振りしたときの量のことで、約1mℓになります。

ミモザ

まるでミモザの花のように、鮮やかな
濃黄色のシャンパン・カクテル

● 材料
シャンパン ……………………1/2グラス
フレッシュオレンジジュース………1/2グラス

● 用具・グラス
バースプーン、シャンパングラス

● 作り方
1 シャンパングラスに冷やしたフレッシュオレンジジュースを注ぎます。
2 1に冷やしたシャンパンを加え、バースプーンで軽くステアします。

レグロン

マンダリンのほろ苦く濃厚な香味が
シャンパンの味わいに溶け込んでいく

● 材料
シャンパン ……………………140㎖
マンダリンリキュール ……………10㎖
枝つきチェリー …………………1個

● 用具・グラス
バースプーン、フルート型シャンパングラス

● 作り方
1 フルート型シャンパングラスに枝つきチェリー以外の材料を注ぎ、バースプーンでステアします。
2 1のグラスに枝つきチェリーを沈めます。

エチュード

美しい黄色のカクテルグラスが、
優雅なひとときを演出してくれる

● 材料
スーズ ………………………20㎖
シャンパン …………………適量

● 用具・グラス
バースプーン、フルート型シャンパングラス

● 作り方
1 スーズ、シャンパンの順でフルート型シャンパングラスに注ぎ、バースプーンで軽くステアします。

シャンパン・フレーズ

ストロベリーやチェリーの甘い香りが
シャンパンを華やかに包み込む

● 材料
シャンパン …………………適量
クレーム・ド・フレーズ……………2㎖
キルシュリキュール………………2㎖
ストロベリー …………………1個

● 用具・グラス
フルート型シャンパングラス

● 作り方
1 フルート型シャンパングラスにクレーム・ド・フレーズとキルシュリキュールを注ぎ、グラスの内側をまんべんなく濡らします。
2 1をシャンパンで満たし、グラスのエッジにストロベリーを飾ります。

セレブレーション

"セレブレーション(祝典)"にふさわしい、燃えるような赤いカクテル

● 材料
シャンパン ……………………30㎖
クレーム・ド・フランボワーズ ……20㎖
コニャック ……………………10㎖
レモンジュース ………………1tsp

● 用具・グラス
シェーカー、シャンパングラス

● 作り方
1. シェーカーにシャンパン以外の材料と氷を入れ、シェイクします。
2. 冷やしたシャンパングラスに1を注ぎ、シャンパンを満たします。

ディタ・インペリアル

甘いライチの香りと繊細なシャンパンが、気品ある女性に見せてくれる

● 材料
ライチリキュール(ディタ) …………30㎖
シャンパン ……………………適量

● 用具・グラス
バースプーン、フルート型シャンパングラス

● 作り方
1. フルート型シャンパングラスに、ライチリキュール(ディタ)を注ぎます。
2. 1に冷やしたシャンパンを加え、バースプーンでステアします。

ブルー・シャンパン

エメラルドグリーンの水色が宝石のようでとても美しい一杯

● 材料
ブルーキュラソー ………………1 tsp
シャンパン ……………………適量

● 用具・グラス
バースプーン、シャンパングラス

● 作り方
1. シャンパングラスにすべての材料を注ぎ入れ、バースプーンでステアします。

ペシェ・ロワイヤル

フルーティなピーチの香りが、上品な風味のシャンパンと相性は最高

● 材料
ピーチリキュール ………………30㎖
シャンパン ……………………適量

● 用具・グラス
バースプーン、フルート型シャンパングラス

● 作り方
1. フルート型シャンパングラスにピーチリキュールを注ぎ、冷やしておいたシャンパンを注ぎ、バースプーンでステアします。

※1tspとは、バースプーン1杯分のことです。

商品さくいん

ア

アーガイル ブリュット ウィラメット ヴァレー	134
アオグスト ケセラー シュペートブルグンダー ヴァイスヘルプスト 1996 ブリュット	115
アグラパール ブラン ド ブラン レ セット クリュ	89
アスティ スプマンテ チンザノ	104
アヤラ ブラン・ド・ブラン ブリュット	93
アヤラ ブリュット ゼロ	92
アヤラ ブリュット・メジャー	92
アヤラ ロゼ ブリュット	92
アルタ ディ カバ・ブリュット 1994	125
アルノード シューラン ブリュット レゼルヴ	94
アルフレッド グラシアン キュヴェ・ブリュット・クラシック NV	85
アルベット・イ・ノヤ カバ ブルット	128
アンガス・ブリュット	145
アンドレ クルエ アン・ジュール・ド・ミルヌフサンオンズ	85
アンドレ クルエ グランド・レゼルヴ・ブリュット NV	85
アンドレ ブリュット	135
アンドレ ロゼ	135

イ

イエローグレン・ピノ・シャルドネ'04	141
イエローグレン・レッド NV	141

ウ

ヴィコムト・ドゥ・カンプリアン・ブリュット	102
ヴーヴ・クリコ イエローラベル ブリュット N.V.	64・76
ヴーヴ・クリコ ヴィンテージ	76
ヴーヴ・クリコ ローズラベル	76

エ

エール・エ・エル・ルグラ ブリュット	91
エスプマンテ ブラン ブリット	139
エスプマンテ モスカテル	139
エスプマンテ ルージュ ブリット	139

オ

オーランド・ブーケ 白	143
オペル ゼクト トロッケン	119

カ

カヴァリ・ランブルスコ・グラスパローサ・アマービレ	112
カステルブランチ グラン ナドール	125
カステルブランチ ブリュット ゼロ	126
カナール・デュシェーヌ〈グランド・キュヴェ ブランド・ノワール〉	78
カフェドパリ ブラン ド フルーツ フランボワーズ	97
カペッタ バレリーナ アスティ スプマンテD.O.C.G.	107
カペッタ バレリーナ ブリュット スプマンテ	107
ガンチア アスティ スプマンテ	105
ガンチア プロセッコ スプマンテ	105

キ

キアリ・ランブルスコ・ロッソ	108
キュヴェ・ロワイヤル クレマン・ド・ボルドー ブリュット	102
キンタ ドス ロケス ブリュット スパークリングワイン ロゼ	130

ク

クッパーベルク 白	117
ぐらんのぽ 1995	151
グリーン ポイント ヴィンテージ ブリュット	142
グリーン ポイント ヴィンテージ ブリュット ロゼ	142
グリーン ポイント ブリュット N.V.	142
クリスチャン・セネ・ブリュット	78
クリスチャン・セネ・ブリュット・ロゼ	78
クリュッグ グランド・キュヴェ	65・77
クリュッグ ロゼ	77
グレッグ・ノーマン・エステイト スパークリング シャルドネ＆ピノ・ノワール	143
クレマン・ド・ブルゴーニュ 白 ブリュット	100
クレマン・ド・ロワール・ブリュット	100
クレマン・ド・ロワール・ブリュット・ロゼ	100
クロスター・エーベルバッハ 2002 エクストラ トロッケン	115

ケ

KWV キュヴェ・ブリュット 白	146
KWV ドゥミ・セック 白	147

コ

ゴイチ ナイヤガラ スパークリングワイン	153
コーベル ブリュット	133
ゴセ・ブラバン キュヴェ ド レゼルヴ グラン クリュ	89
ゴッセ・グラン・レゼルヴ・ブリュット	82
ゴッセ・ブリュット・エクセレンス	82
コドーニュ クラシコ・ブリュット	122
コドーニュ ピノ・ノワール・ブリュット	122
コドーニュ レセルバ・ラベントス	122
コンテ・バルドゥイーノ・アスティ・スプマンテ	109
コンテ・バルドゥイーノ・ロッソ・スプマンテ	110

サ

サロン1996	70・83
サントネージュ スパークリングワイン ブリリア（赤）	152
サントネージュ スパークリングワイン ブリリア（白）	152
サントネージュ スパークリングワイン ブリリア（ロゼ）	152
サン・ミッシェル・ワイン・エステーツ ドメイン・サン・ミッシェル キュヴェ・ブリュット	134

シ

C.F.G.V オペラ・ブリュ	97
ジェイコブス・クリーク シャルドネ ピノ・ノワール	145
ジェイ2000 ヴィンテージ ブリュット ルシアン・リヴァー・ヴァレー	137
信濃ワイン スパークリング ロゼ	153
シャルル・ド・フェール トラディション・ブリュット 白	98
シャルル・バイィ ブリュット	101
シャルル・ラフィット・ブリュット・キュベ・スペシャル	82
シャンパーニュ ボーモン・デ・クレイエール グラン・プレスティージュ ブリュット	87
シャンパン・ドゥ・ヴノージュ ブリュット・セレクト コルドン・ブルー	75
ジャン・ルイ ブラン・ド・ブラン・ブリュット 白	98
ジュヴェ・カンプス レゼルヴァ・ヴィンテージ・ブリュット	128
シュタイニンガー ツヴァイゲルト セクト	129
シュラムスバーグ ブラン ド ブラン 2001	133
シュロス カステル ブリュット	115
シュロス ラインハルツハウゼン キャビネット トロッケン	116
ジョンメアー ブリュット NV 白	72

ス

スパークリングワイン うめ	150
スパークリングワイン キャンベル・アーリー	150
スパークリングワイン マリアゴメス	130
スパークリング ワイン レッド	150

セ

ゼーンライン ブリラント トロッケン ……………………………………………… 118
セグラ ヴューダス ブルート レゼルバ ……………………………………… 124
セグラ ヴューダス ラヴィット ロサード ブルート ………………………… 124

ソ

ソミュール ブリュット キュヴェ フレーム ………………………………… 97
ソレヴィ・ジャン・ドルセーヌ・デュミ・セック ………………………… 98

タ

ダインハート キャビネット …………………………………………………… 114

チ

チンザノ プロセッコ …………………………………………………………… 104

ツ

ツェラー・シュワルツ・カッツ・ゼクト …………………………………… 119

テ

ディアボロ・ヴァロワ ブラン ド ブラン …………………………………… 89
テタンジェ・キュヴェ・プレスティージュ・ロゼ ………………………… 88
テタンジェ・ブリュット・レゼルヴ ………………………………… 67・88
デューク・ド・ヴァルメール ブリュット …………………………………… 99
天使のアスティ ………………………………………………………………… 110

ト

ドゥヴォー ブラン・ド・ノワール …………………………………………… 93
ドゥーシェ・シュバリエ ドライ ……………………………………………… 128
ドゥモアゼル・テート・ドゥ・キュヴェ・ブリュット …………………… 88
ドゥラモット・ブリュット …………………………………………………… 83
ドゥラモット・ブリュット・ブラン・ド・ブラン ………………………… 84
ドゥラモット・ブリュット・ブラン・ド・ブラン 1999 …………………… 84
ドゥラモット・ブリュット・ロゼ …………………………………………… 83
トーレイ（セック） …………………………………………………………… 131
トーレイ タリスマン（デミセック） ………………………………………… 131
トカチ スパークリングワイン フィースト …………………………………… 149
トカチ スパークリングワイン ブルーム ……………………………………… 149
トソ・ブリュット ……………………………………………………………… 138
トッツ …………………………………………………………………………… 136
ドメイヌ・タケダ キュベ・ヨシコ 2001 …………………………………… 148
ドメーヌ・カーネロス ブリュット・ヴィンテージ 2002 ………………… 136

ドメーヌ・ローラン・スニ・クレマン・ド・ブルゴーニュ・ブリュット	99
トラディション グラン キュヴェ モンロー	147
トラディション ブリュット レッドラベル	147
ドリームタイム・パス・スパークリング・ホワイト NV	144
ドリームタイム・パス・スパークリング・レッド NV	144
トレジョ・ブリュット・ナトゥレ	123
ドン ペリニヨン ヴィンテージ 1999	63・75
ドン ペリニヨン ロゼ ヴィンテージ 1996	75
ドン ルイナール ロゼ	86

ノ

NV ケンウッド ユルパ キュヴェ ブリュット	137

ハ

パイパー・エドシック・ピパリーノ	74
パイパー・エドシック・ブリュット	74
パイパー・エドシック・ブリュット・ロゼ・ソヴァージュ	74
パイパーズ ブルック・スパーク・ピーリー '98	144
バラトーレ	136

ヒ

ピア・ドール・ムスー	102
ピノ シャルドネ スプマンテ	110
ビルカール・サルモン ブリュット レゼルヴ	73

フ

ファルケンベルク マドンナ ゼクト	116
フィオーレ・ディ・チリエージョ・ヴィーノ・スプマンテ・ドルチェ	112
フィリポナ クロ・デ・ゴワセ・ブリュット 1991	90
フィリポナ ロワイヤル・レゼルヴ・ブリュット NV	90
ブーケ・ドール・ブラン	101
フォンタナフレッダ アスティ D.O.C.G.	106
フォンタナフレッダ コンテッサローザ エクストラ ブリュット	106
フュルスト・フォン・メッテルニヒ	114
フランシス コッポラ ソフィア ブラン デ ブラン	137
フランチャコルタ ブリュット	111
ブランドール セミセコ	124
ブラン・ド・ブラン "ヴァレンタイン"	101
ブリュット・リセルヴァ・シンコ・エストレージャス 2003	125
ブルンデルマイヤー ブリュット	129
フレシネ コルドン ネグロ	126
フレシネ セミセコ・ロゼ	126
プレステージ・キュベ・のぼ・ヘキサゴン	151
プロセッコ ディ ヴァルドッピアデーネ D.O.C. エクストラ ドライ	112

プロセッコ・ディ・ヴァルドッビアデーネ ブリュット……111

へ

ペール・ド・アヤラ……93
ベッレンダ プロセッコ ヴァルドッビアデーネ ブリュ……106
ペリエ ジュエ キュベ ベル エポック ロゼ 1999……81
ベリンジャー・ヴィンヤーズ・スパークリング・ホワイト・ジンファンデル……134
ベルサーノ アスティ スプマンテ……109
ヘンケル トロッケン ドライ セック……118
ヘンケル トロッケン ブランド ブラン……118
ヘンケル トロッケン ロゼ……117
ヘンケル ブリュット ヴィンテージ……117

ホ

ポールシェノー・ブラン・ド・ブラン・ブリュット……127
ポップ……87
ポメリー ブリュット・ロワイヤル……68・87
ボランジェ・グランダネ 1997……77
ポル・ロジェ キュヴェ・サー・ウィンストン・チャーチル 1996……73
ポル・ロジェ ブリュット レゼルヴ NV……73

マ

マイバッハ ツェラー シュヴァルツェ カッツ ゼクト b.A……119
マム コルドン ルージュ ブリュット……81
マム ブリュット ロゼ……81

ミ

ミオネット・ピザーニ・パーティー・ブルー・キュベ・ブリュ……108
ミシェル マイヤール ブリュット プルミエ クリュ……90

ム

ムタール・ブリュット・グランド・キュヴェ……84

モ

モエ・エ・シャンドン ブリュット アンペリアル……72
モエ・エ・シャンドン ロゼ アンペリアル……72
モートン・エステート・ブリュット・メソッド・トラディショネル NV……145
モンテニーザ ブリュット……105
モンテロッサ フランチャコルタ サテン ブリュ D.O.C.G.……107

ラ

- ラクリマ・バッカス・レセルヴァ・セミ・セック ……………………………………………127
- ラクリマ・バッカス・レセルヴァ・ブリュット ………………………………………………127
- ラ・ジョイヨーザ・プロセッコ・ディ・ヴァルドッビアデーネ・DOC・スプマンテ・エクストラ・ドライ ……108
- ラルマンディエ ベルニエ ブリュット トラディション プルミエ クリュ …………………94
- ランソン ノーブル キュベ ブリュット ヴィンテージ 1995 …………………………………79
- ランソン ブラックラベル ブリュット ノンヴィンテージ ……………………………66・79
- ランソン ロゼラベル ブリュット ロゼ ノンヴィンテージ ………………………………79

リ

- リステル ペティヤン・ド・リステル アロマ フランボワーズ ……………………………99

ル

- ルイナール ブラン ド ブラン …………………………………………………………………86
- ルイ・ロデレール クリスタル・ブリュット・ヴィンテージ 1999 ……………………69・80
- ルイ・ロデレール クリスタル・ロゼ・ヴィンテージ 1999 ……………………………………80
- ルイ・ロデレール ブリュット・プルミエ ……………………………………………………80

レ

- レネ・ブレッセ ブリュット ………………………………………………………………………86

ロ

- ローランペリエ キュヴェ ロゼ ブリュット …………………………………………………91
- ローランペリエ ブリュット エルピー …………………………………………………………91
- ロジャー グラート カヴァ グラン・キュヴェ ………………………………………………121
- ロジャー グラート カヴァ ロゼ ブリュット …………………………………………………121
- ロベジャ・ロゼ・ブリュット・レセルバ ………………………………………………………123

協力メーカー一覧

※ここで紹介しているデータは、2006年12月現在のものです。

(株)ヴィントナーズ
〒107-0052 東京都港区赤坂3-21-12
陶香堂ビル3F
☎03-3560-6131（代）
http://www.vintners.co.jp/

ヴーヴ・クリコ ジャパン（株）
〒107-0062 東京都港区南青山1-1-1 青山ツイン
☎03-3478-5784
http://www.veuve-clicquot.co.jp

(有)エイ・ダヴリュー・エイ
〒662-0066 兵庫県西宮市高塚町2-14
☎0798-72-7022
http://www.awa-inc.com

エノテカ(株)
〒106-0047 東京都港区南麻布5-14-15
アリスガワウエスト
☎03-3280-6258
http://www.enoteca.co.jp

MHDディアジオ モエ ヘネシー(株)
〒101-0051 東京都千代田区神田神保町1-105
神保町三井ビル13F
☎03-5217-9723
http://mhd-wines.jp

オエノングループ 合同酒精(株)
オエノングループ 山信商事(株)
〒104-0061 東京都中央区銀座6-2-10
☎03-3575-2787（オエノングループお客様センター）
http://www.oenon.jp/

カリフォルニア・ワイン・トレーディング(株)
〒411-0907 静岡県駿東郡清水町伏見596-8
☎055-981-8180
http://wine-park.com

ガロ・ジャパン(株)
〒103-0007 東京都中央区日本橋浜町2-35-4 日本橋浜町パークビル2F
☎03-3663-4805（マーケティング代表）
http://www.gallo.co.jp

アサヒビール(株)
〒130-8602 東京都墨田区吾妻橋1-23-1
☎0120-011121（お客様相談室）
http://www.asahibeer.co.jp/

アニヴェルセル表参道シャンパンブティック
〒107-0061 東京都港区北青山3-5-30
☎03-5411-2488
www.anniversaire.co.jp

(株)アルカン〈JFLA酒類販売(株)〉
〒103-0014 東京都中央区日本橋蛎殻町1-5-6
盛田ビルディング
☎03-3664-6591
http://www.j-fla.com

(有)アルコトレード・トラスト
〒142-0043 東京都品川区二葉4-13-12
☎03-5702-0620
http://www.alcotrade.com

池田町ブドウ・ブドウ酒研究所
〒083-0002 北海道中川郡池田町清見83
☎015-572-4090（営業課）
http://www.tokachi-wine.com

(有)石橋コレクション
〒386-1608 長野県小県郡青木村田沢3693
☎0268-49-1192
http://www.avis.ne.jp/~ic_ltd/

(株)イマイ
〒162-0814 東京都新宿区新小川町6-36
☎03-3260-6060
http://www.imaigroup.com

ヴィーヴァン倶楽部(株)
〒192-0366 東京都八王子市南大沢1-22-2
☎042-677-5655
http://www.vievin.co.jp

ヴィレッジ・セラーズ(株)
〒935-0056 富山県氷見市上田上野6-5
☎0766-72-8680
http://www.village-cellars.co.jp

（株）ＪＡＬＵＸ ワイン部
〒140-8638 東京都品川区東品川2-4-11
☎03-5460-7156
http://www.jalux.com

（株）スズキビジネス
〒431-0201 静岡県浜松市篠原町21339
☎053-440-1098
http://www.hungary-wine.com/shopping/

（株）スマイル
〒112-0013 東京都文京区音羽2-10-2
音羽NSビル3F
☎03-3946-3200（酒類営業部）
http://www.smilecorp.co.jp

全日空商事（株）
〒105-7109 東京都港区東新橋1-5-2
汐留シティセンター9F
☎03-6735-5026
http://www.anatc.com

（有）タケダワイナリー
〒990-3162 山形県上山市四ッ谷2-6-1
☎023-672-0040
http://www.takeda-wine.co.jp

（有）都農ワイン
〒889-1201 宮崎県児湯郡都農町大字川北14609-20
☎0983-25-5501
http://www.tsunowine.com

（株）ドウシシャ
〒140-0011 東京都品川区東大井1-8-10
☎03-3474-6871
http://www.doshisha.co.jp

トーメンフーズ（株）
〒103-0027 東京都中央区日本橋2-14-9
豊田通商日本橋ビル4F
☎03-5205-8794
http://www.vin-de-t.com

日本リカー（株）
〒108-0073 東京都港区三田2-14-5
フロイントゥ三田ビル3F
☎03-3453-2208
http://www.nlwine.com

木下インターナショナル（株）
〒601-8101 京都府京都市南区上鳥羽高畠町56
☎075-681-0724
http://www.kinoshita-intl.co.jp/

キリンビール（株）
〒104-0033 東京都中央区新川2-10-1
☎0120-111-560（お客様センター）
http://www.kirin.co.jp

国分（株）オリジナル酒類部
〒103-8241 東京都中央区日本橋1-1-1
☎03-3276-4125
http://www.kokubu.co.jp/liquors/

ココ・ファーム・ワイナリー
〒326-0061 栃木県足利市田島町611
☎0284-42-1194
http://www.cocowine.com

（有）サス
〒104-0052 東京都中央区月島1-1-8 CITTAビル
☎03-3536-6031

サッポロビール（株）
〒150-8522 東京都渋谷区恵比寿4-20-1
☎0120-207800（お客様相談センター）
http://www.sapporobeer.jp/wine/

サントネージュワイン（株）
〒405-0018 山梨県山梨市上神内川107-1
☎0120-011121〈アサヒビール（株）お客様相談室〉
http://www.asahiwine.com

サントリー（株）
〒135-8631 東京都港区台場2-3-3
☎0120-139-310（お客様センター）
http://www.suntory.co.jp/wine/

ジェロボーム（株）
〒107-0061 東京都港区北青山2-12-16
北青山吉川ビル4F
☎03-5786-3280
http://www.jeroboam.co.jp/

信濃ワイン（株）
〒399-6462 長野県塩尻市大字洗馬783
☎0263-52-2581
http://www.sinanowine.co.jp/

(株)モトックス
〒577-0802 大阪府東大阪市小坂本町1-9-10
☎06-6723-3131
http://www.mottox.co.jp

モンテ物産(株)
〒150-0001 東京都渋谷区神宮前5-52-2
青山オーバルビル
☎0120-348-566（お客様相談室）
http://www.montebussan.co.jp

(株)ヤマオカゾーン
〒108-0022 東京都港区海岸3-31-1
☎03-5730-2115
http://www.wine-yamaoka.com

(株)ラック・コーポレーション
〒107-0052 東京都港区赤坂5-2-39
円通寺ガデリウスビル1F
☎03-3586-7501
http://www.luc-corp.co.jp

(株)リョーショクリカー
〒143-0006 東京都大田区平和島6-1-1
☎03-3767-4850
http://www.rsliquor.co.jp

ルイナール ジャパン(株)
〒102-0093 東京都千代田区平河町2-1-2
住友半蔵門ビル別館5F
☎03-3239-5921

ワイン・イン・スタイル(株)
〒102-0084 東京都千代田区二番町14-5
協立第一ビル3F
☎03-5212-2271
http://www.wineinstyle.jp

(株)八田
〒143-0017 東京都大田区大森北6-25-18
☎03-3762-3121

(株)林農園
〒399-6461 長野県塩尻市大字宗賀1298-170
☎0263-52-0059
http://www.goichiwine.co.jp

ピーロート・ジャパン(株)
〒108-0075 東京都港区港南2-13-31
品川NSSビル5F
☎03-3458-4455
http://www.pieroth.jp

富士貿易(株)
〒231-0801 神奈川県横浜市中区新山下3-9-3
☎045-622-2989
http://fuji-trading.co.jp

ペルノ・リカール・ジャパン(株)
〒112-0004 東京都文京区後楽2-3-21
住友不動産飯田橋ビル5F
☎03-5802-2671

三国ワイン(株)
〒104-0031 東京都中央区京橋1-14-4
☎03-5524-1392
http://www.mikuniwine.co.jp

(株)明治屋
〒104-8302 東京都中央区京橋2-2-8
☎0120-565-580（お客様相談室）
http://www.meidi-ya.co.jp

メルシャン(株)
〒104-8305 東京都中央区京橋1-5-8
☎03-3231-3961（お客様相談室）
http://www.mercian.co.jp/

参考文献／『シャンパンのすべて』(河出書房新社・山本博著)、『ベスト・ワイン』(ナツメ社・野田宏子著)、『世界の名酒事典』(講談社)、『ワインの事典』(産調出版・山本博・湯目英郎監修)、『ワイン6ヶ国語辞典』(柴田書店)、『スペインのワイン』(スペイン大使館経済商務部)、『ワインの実践講座』(時事通信社・田中清高・永尾敬子・渡辺照夫著)、『フランスワインと料理の旅』(フランス政府観光局)、『田崎真也のフランスワイン＆シャンパーニュ事典』(日本経済新聞社)、『シャンパーニュの手帖』(シャンパーニュ地方ワイン生産同業委員会(C.I.V.C)日本事務局)、『シャンパン街道の旅』(フランス政府観光局)、『イタリアのDOCワイン』(原産地呼称保護協会全国連盟)

弘兼憲史（ひろかね　けんし）

1947年山口県生まれ。早稲田大学法学部卒。松下電器産業販売助成部に勤務。退社後、76年に漫画家デビュー。以後、人間や社会を鋭く描く作品で、多くのファンを魅了し続けている。小学館漫画賞、講談社漫画賞の両賞を受賞。家庭では二児の父、奥様は同業の柴門ふみさん。代表作に『課長　島耕作』『部長　島耕作』『加治隆介の議』『ラストニュース』『黄昏流星群』ほか多数。『知識ゼロからのワイン入門』『知識ゼロからのカクテル＆バー入門』『知識ゼロからのビジネスマナー入門』（幻冬舎）などの著書もある。

装幀	亀海昌次
本文漫画	『課長　島耕作』『部長　島耕作』（講談社）より
写真提供	フランス政府観光局、㈱セブンフォト、CRT Champagne-Ardenne/Oxley
編集協力	㈱ナヴィ インターナショナル
本文デザイン	羽田眞由美〈㈱ナヴィ インターナショナル〉
本文イラスト	佐々木みえ
編集	福島広司、鈴木恵美（幻冬舎）

知識ゼロからのシャンパン入門

2006年12月10日　第1刷発行
2011年10月31日　第2刷発行

　著　者　弘兼憲史
　発行人　見城　徹
　編集人　福島広司
　発行所　株式会社 幻冬舎
　　　　〒151-0051　東京都渋谷区千駄ヶ谷4-9-7
　　　　電話　03-5411-6211（編集）　03-5411-6222（営業）
　　　　振替　00120-8-767643
　印刷・製本所　株式会社 光邦

　検印廃止

万一、落丁乱丁のある場合は送料当社負担でお取替致します。小社宛にお送り下さい。
本書の一部あるいは全部を無断で複写複製することは、法律で認められた場合を除き、著作権の侵害となります。
定価はカバーに表示してあります。
© KENSHI HIROKANE, GENTOSHA 2006
ISBN4-344-90095-2 C2077
Printed in Japan
幻冬舎ホームページアドレス　http://www.gentosha.co.jp/
この本に関するご意見・ご感想をメールでお寄せいただく場合は、comment@gentosha.co.jpまで。